11G101系列图集应用讲解与实例丛书

11G101－2
现浇混凝土板式楼梯
应用详解与实例

主　编　杨先放
副主编　张建新
主　审　李　辉

中国建材工业出版社

图书在版编目（CIP）数据

11G101－2现浇混凝土板式楼梯应用详解与实例/杨先放主编．—北京：中国建材工业出版社，2016.1

（11G101系列图集应用详解与实例丛书）

ISBN 978-7-5160-1328-1

Ⅰ．①1… Ⅱ．①杨… Ⅲ．①楼梯-现浇混凝土施工-建筑制图-识别 Ⅳ．①TU229

中国版本图书馆CIP数据核字（2015）第295253号

内 容 简 介

本书共分为四章，主要内容包括：概述、建筑制图基本规定、板式楼梯的介绍和现浇混凝土板式楼梯平法施工图制图及识图等。

本书根据《混凝土结构施工图平面整体表示方法制图规则和构造详图（现浇混凝土板式楼梯）》11G101－2图集进行编写，对其中的内容进行讲解，并穿插识图实例进行强化，内容具体、全面，对学习、应用《混凝土结构施工图平面整体表示方法制图规则和构造详图（现浇混凝土板式楼梯）》11G101－2图集提供了参考，可供设计人员、施工技术人员、工程造价人员以及相关专业大、中专的师生学习参考。

11G101－2现浇混凝土板式楼梯应用详解与实例

主编　杨先放

出版发行：中国建材工业出版社

地　　址：北京市海淀区三里河路1号

邮　　编：100044

经　　销：全国各地新华书店

印　　刷：北京鑫正大印刷有限公司

开　　本：787mm×1092mm　1/16

印　　张：7.25

字　　数：146千字

版　　次：2016年1月第1版

印　　次：2016年1月第1次

定　　价：**38.00元**

本社网址：www.jccbs.com.cn　　微信公众号：zgjcgycbs

本书如出现印装质量问题，由我社网络营销部负责调换。联系电话：（010）88386906

编 委 会

前　言

平法识图，简单地讲就是混凝土结构施工图采用建筑结构施工图平面整体设计的方法。平法的创始人陈青来教授，为了加快结构设计的速度，简化结构设计的过程，吸收国外的经验，并结合实践，创立了“平法”。平法是种通行的语言，直接在结构平面图上把构件的信息（截面、钢筋、跨度、编号等）标在旁边，整体直接表达在各类构件的结构平面布置图上，再与标准构造详图相配合，即构成一套新型完整的结构设计。平法改变了传统的那种将构件从结构平面布置图中索引出来，再逐个绘制配筋详图的烦琐方法。

“平法”是对我国原有的混凝土结构施工图的设计表示方法做了重大的改革，现已普遍应用，对现有结构设计、施工概念与方法的深刻反思和系统整合思路，不仅在工程界已经产生了巨大影响，对结构教育界、研究界的影响也逐渐显现。

11G101系列图集于2011年9月1日正式实施。为便于学习11G101系列图集，我社组织人员编写了本套丛书。本丛书依据11G101系列图集进行编写，并在书中穿插讲解了有关实例。本书由杨先放任主编，张建新任副主编；四川建筑职业技术学院李辉教授任主审。

本丛书在编写过程中，参阅和借鉴了许多优秀的书籍、图集和有关国家标准，并得到了有关领导和专家的帮助，在此一并致谢。由于编者的学识和经验有限，书中难免存在疏漏或未尽之处，恳请有关专家和读者提出宝贵意见。

编者

2016年1月

中国建材工业出版社
China Building Materials Press

目录

第一章 概述

第一节 平法的概述

一、平法基础知识

1. 平法的定义

平法，是混凝土结构施工图采用建筑结构施工图平面整体设计的方法。

2. 平法的表达形式

平法的表达形式，概括来讲，是把结构构件的尺寸和配筋等，按照平面整体表示方法制图规则，整体直接表达在各类构件的结构平面布置图上，再与标准构造详图相配合，即构成一套新型完整的结构设计。

3. 平法的特点

（1）平法采用标准化的构造设计，直观，施工易懂、易操作。标准构造详图集中分类、归纳、整理后编制成国家建筑标准设计图集供设计选用，可避免构造做法反复抄袭及由此产生的失误，保证节点构造在设计与施工两个方面均达到高质量。

（2）平法采用标准化的制图规则，结构施工图表达数字化、符号化，单张图纸的信息量高且集中；构件分类明确，层次清晰，表达准确，设计速度快，效率提高；易进行平衡调整、修改、校审，改图时可不牵连其他构件，易控制设计的质量；既能适应建设业主分阶段分层提图施工的要求，也可适应在主体结构开始施工后又进行大幅度调整的特殊情况。

（3）平法分结构层设计的图纸与水平逐层施工的顺序完全一致，对标准层可实现单张图纸施工，利于施工质量管理。

（4）平法大幅度降低设计成本，降低设计消耗，节约自然资源。

4. 平法表示方法与传统表示方法的区别

平法表示方法与传统表示方法的区别在于：

(1) 平法施工图把结构构件的尺寸和配筋等，按照平面整体表示方法的制图规则，整体直接地表示在各类构件的结构布置平面图上，再与标准构造详图配合，结合成了一套新型完整的结构设计表示方法。改变了传统的那种将构件（柱、剪力墙、梁）从结构平面设计图中索引出来，再逐个绘制模板详图和配筋详图的烦琐办法。

(2) 平法适用的结构构件为柱、剪力墙、梁三种。内容包括两大部分，即平面整体表示图和标准构造详图。在平面布置图上表示各种构件尺寸和配筋方式。表示方法分平面注写方式、列表注写方式和截面注写方式三种。

二、平法系列图集的内容

平法系列图集包括：

《混凝土结构施工图平面整体表示方法制图规则和构造详图（现浇混凝土框架、剪力墙、梁、板）》11G101－1；

《混凝土结构施工图平面整体表示方法制图规则和构造详图（现浇混凝土板式楼梯）》11G101－2；

《混凝土结构施工图平面整体表示方法制图规则和构造详图（独立基础、条形基础、筏形基础及桩基承台）》11G101－3；

《混凝土结构施工图平面整体表示方法制图规则和构造详图（剪力墙边缘构件）》12G101－4。

三、平法结构施工图设计文件的组成

平法结构施工图设计文件由平法施工图和标准构造详图两部分组成：

(1) 平法施工图。平法施工图是在构件类型绘制的结构平面布置图上，根据制图规则标注每个构件的几何尺寸和配筋，并含有结构设计说明。

(2) 标准构造详图。标准构造详图是平法施工图图纸中没有表达的节点构造和构件本体构造等不需结构设计师设计和绘制的内容。

第二节　钢筋的概述

一、钢筋的品种

1. 热轧钢筋

(1) 热轧光圆钢筋

1) 公称直径范围及推荐直径。钢筋的公称直径范围为6～22mm，本部分推荐的钢

筋公称直径为6mm、8mm、10mm、12mm、16mm、20mm。

2）公称横截面面积与理论重量。钢筋的公称横截面面积与理论重量，见表1-1。

表1-1 热轧光圆钢筋的公称横截面面积与理论重量

公称直径（mm）	公称横截面面积（mm^2）	理论重量（kg/m）
6（6.5）	28.27（33.18）	0.222（0.260）
8	50.27	0.395
10	78.54	0.617
12	113.1	0.888
14	153.9	1.21
16	201.1	1.58
18	254.5	2.00
20	314.2	2.47
22	380.1	2.98

注：表中理论重量按密度为7.85g/cm^3计算。公称直径6.5mm的产品为过渡性产品。

3）光圆钢筋的尺寸允许偏差。光圆钢筋的直径允许偏差和不圆度，见表1-2。钢筋实际重量与理论重量的偏差符合表1-3规定时，钢筋直径允许偏差不作交货条件。

表1-2 热轧光圆钢筋的直径允许偏差和不圆度

<table>
<tr><th>公称直径（mm）</th><th>允许偏差（mm）</th><th>不圆度（mm）</th></tr>
<tr><td>6（6.5）
8
10
12</td><td>±0.3</td><td rowspan="2">≤0.4</td></tr>
<tr><td>14
16
18
20
22</td><td>±0.4</td></tr>
</table>

表1-3 直条钢筋实际重量与理论重量的允许偏差

公称直径（mm）	实际重量与理论重量的偏差（%）
6～12	±7
14～22	±5

4）重量及允许偏差。钢筋按实际重量交货，也可按理论重量交货。直条钢筋实际重量与理论重量的允许偏差，见表1-3。按盘卷交货的钢筋，每根盘条重量应不小于500kg，每盘重量应不小于1 000kg。

（2）热轧带肋钢筋

1）公称直径范围及推荐直径。钢筋的公称直径范围为6～50mm，推荐的钢筋公称直径为6mm、8mm、10mm、12mm、16mm、20mm、25mm、32mm、40mm、50mm。

2）公称横截面面积与理论重量。钢筋的公称横截面面积与理论重量，见表1-4。

表1-4 热轧带肋钢筋的公称横截面面积与理论重量

公称直径（mm）	公称横截面面积（mm^2）	理论重量（kg/m）
6	28.27	0.222
8	50.27	0.395
10	78.54	0.617
12	113.1	0.888
14	153.9	1.21
16	201.1	1.58
18	254.5	2.00
20	314.2	2.17
22	380.1	2.98
25	490.9	3.85
28	615.8	4.83
32	804.2	6.31
36	1 018	7.99
40	1 257	9.87
50	1 964	15.42

注：表中理论重量按密度为7.85g/cm^3计算。

3）带肋钢筋的尺寸允许偏差。带肋钢筋通常带有纵肋，也可不带纵肋。带有纵肋的月牙肋钢筋，其其外形如图1-1所示，其尺寸及允许偏差，见表1-5。钢筋实际重量与理论重量的偏差符合表1-6规定时，钢筋内径偏差不作交货条件。不带纵肋的月牙肋钢筋，其内径尺寸可按表1-5的规定做适当调整，但重量允许偏差仍应符合表1-6的规定。

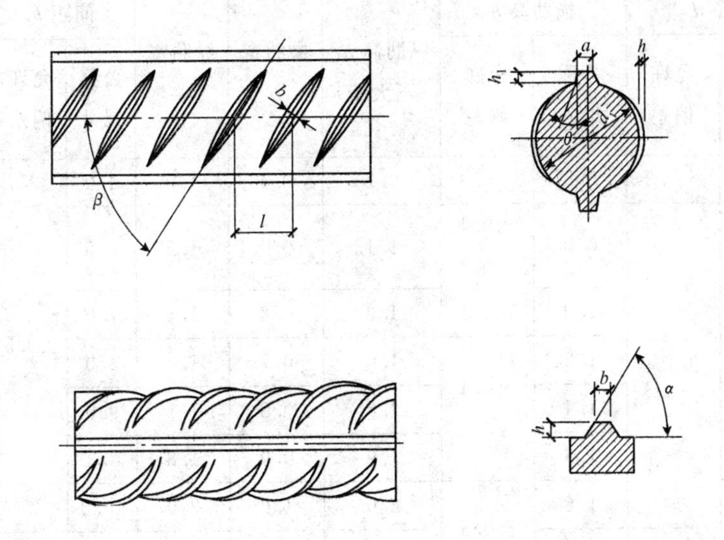

图 1-1 月牙肋钢筋（带纵肋）表面及截面形状

d_1—钢筋内径；α—横肋斜角；

h—横肋高度；β—横肋与轴线夹角；

h_1—纵肋高度；θ—纵肋；

a—纵肋顶宽；l—横肋间距；b—横肋顶宽

4）重量及允许偏差。钢筋可按理论重量交货，也可按实际重量交货。按理论重量交货时，理论重量为钢筋长度乘以表 1-4 中钢筋的每米理论重量。钢筋实际重量与理论重量的允许偏差，见表 1-6。

2. 热处理钢筋

热处理是一种按照一定规则加热、保温和冷却，以改变钢材组织（不改变形状尺寸），从而获得需要性能的工艺过程。常用的热处理方法有：淬火处理、回火处理、退火处理和正火处理。

热处理钢筋按其螺纹外形不同，分为有纵肋热处理钢筋和无纵肋热处理钢筋两种，如图 1-2 所示。

3. 冷轧带肋钢筋

冷轧带肋钢筋是热轧圆盘条经冷轧或冷拔减径后在其表面冷轧成三面或二面有肋的钢筋。

表 1-5　带有纵肋的月牙肋钢筋的尺寸及允许偏差　　(单位：mm)

公称直径 d	内径 d_1		横肋高 h		纵肋高 h_1（不大于）	横肋宽 b	纵肋宽 a	间距 l		横肋末端最大间隙（公称周长的10%弦长）
	公称尺寸	允许偏差	公称尺寸	允许偏差				公称尺寸	允许偏差	
6	5.8	±0.3	0.6	±0.3	0.8	0.4	1.0	4.0		1.8
8	7.7		0.8	+0.4 −0.3	1.1	0.5	1.5	5.5		2.5
10	9.6		1.0	±0.4	1.3	0.6	1.5	7.0		3.1
12	11.5	±0.4	1.2		1.6	0.7	1.5	8.0	±0.5	3.7
14	13.4		1.4	+0.4 −0.5	1.8	0.8	1.8	9.0		4.3
16	15.4		1.5		1.9	0.9	1.8	10.0		5.0
18	17.3		1.6	±0.5	2.0	1.0	2.0	10.0		5.6
20	19.3		1.7		2.1	1.2	2.0	10.0		6.2
22	21.3	±0.5	1.9		2.4	1.3	2.5	10.5	±0.8	6.8
25	24.2		2.1	±0.6	2.6	1.5	2.5	12.5		7.7
28	27.2		2.2		2.7	1.7	3.0	12.5		8.6
32	31.0	±0.6	2.4	+0.8 −0.7	3.0	1.9	3.0	14.0		9.9
36	35.0		2.6	+1.0 −0.8	3.2	2.1	3.5	15.0	±1.0	11.1
40	38.7	±0.7	2.9	±1.1	3.5	2.2	3.5	15.0		12.4
50	48.5	±0.8	3.2	±1.2	3.8	2.5	4.0	16.0		15.5

注：1. 纵肋斜角 θ 为 0°～30°。

2. 尺寸 a、b 为参考数据。

表 1-6　热轧带肋钢筋实际重量与理论重量的允许偏差

公称直径（mm）	实际重量与理论重量的偏差（%）
6～12	±7
14～20	±5
22～50	±4

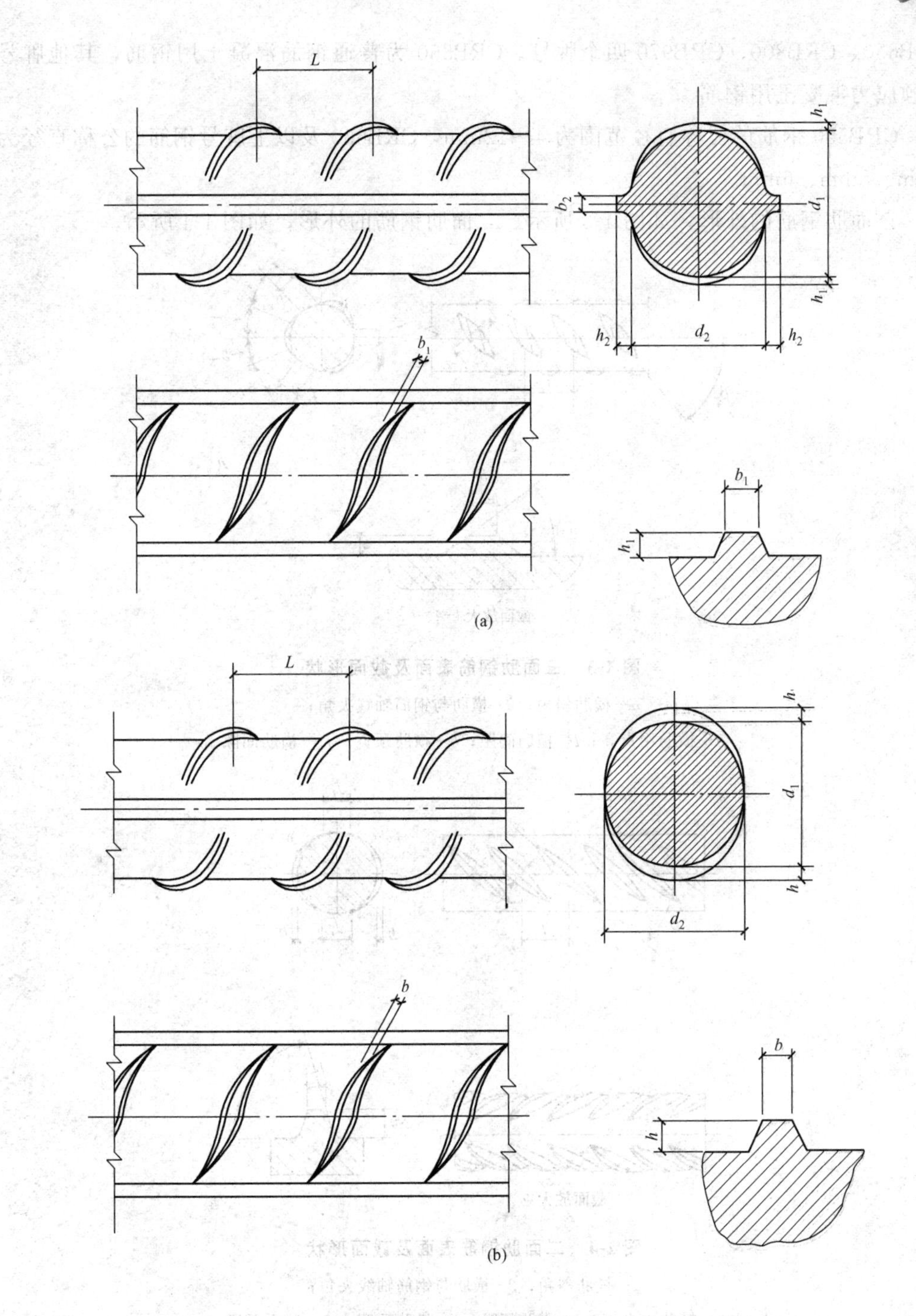

图 1-2 热处理钢筋的外形

(a) 有纵肋热处理钢筋；(b) 无纵肋热处理钢筋

牌号由 CRB 和钢筋的抗拉强度最小值构成。C、R、B 分别为冷轧（Cold rolled）、带肋（Ribbed）、钢筋（Bar）三个词的英文首位字母。冷轧带肋钢筋分为 CRB550、

CRB650、CRB800、CRB970 四个牌号。CRB550 为普通钢筋混凝土用钢筋，其他牌号为预应力混凝土用钢筋。

CRB550 钢筋的公称直径范围为 4～12mm，CRB650 及以上牌号钢筋的公称直径为 4mm、5mm、6mm。

三面肋钢筋的外形，如图 1-3 所示。二面肋钢筋的外形，如图 1-4 所示。

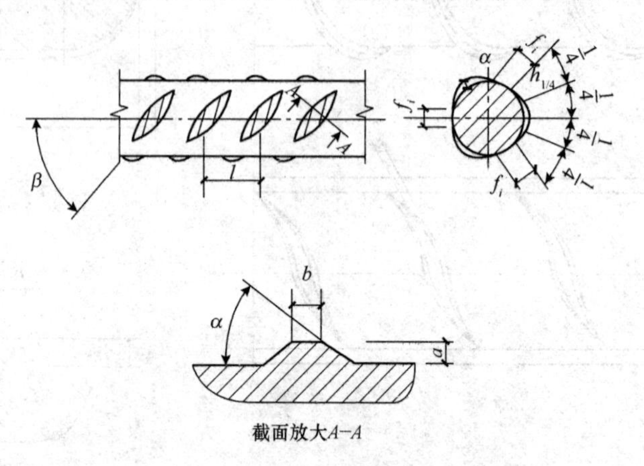

截面放大A−A

图 1-3　三面肋钢筋表面及截面形状

α—横肋斜角；β—横肋与钢筋轴线夹角；

h—横肋中点高；l—横肋间距；b—横肋顶宽；f_i—横肋间隙

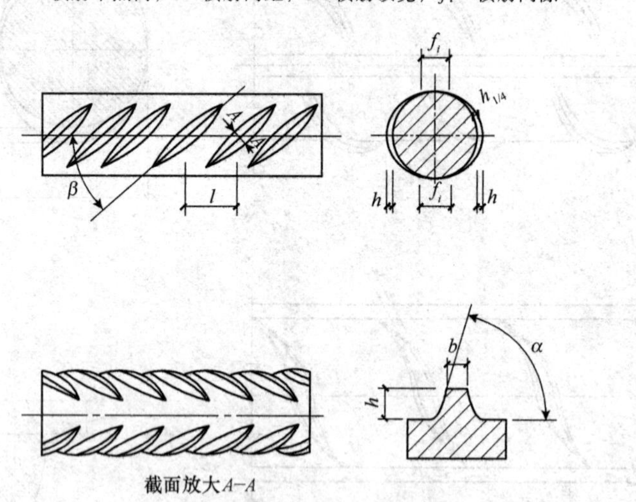

截面放大A−A

图 1-4　二面肋钢筋表面及截面形状

α—横肋斜角；β—横肋与钢筋轴线夹角；

h—横肋中点高；l—横肋间距；b—横肋顶宽；f_i—横肋间隙

盘卷钢筋的重量不小于 100kg。每盘应由一根钢筋组成，CRB650 及以上牌号钢筋不得有焊接接头。直条钢筋按同一牌号、同一规格、同一长度成捆交货，捆重由供需双方协商确定。三面肋和二面肋钢筋的尺寸、重量及允许偏差，见表 1-7。

表 1-7 三面肋和二面肋钢筋的尺寸、重量及允许偏差

公称直径 d(mm)	公称横截面积 (mm²)	重量		横肋中点高		横肋 1/4 处高 $h_{1/4}$ (mm)	横肋顶宽 b (mm)	横肋间隙		相对肋面积 f_c 不小于
		理论重量 (kg/m)	允许偏差 (%)	h (mm)	允许偏差 (mm)			l(mm)	允许偏差 (%)	
4	12.6	0.099		0.30		0.24		4.0		0.036
4.5	15.9	0.125		0.32		0.26		4.0		0.039
5	19.6	0.154		0.32		0.26		4.0		0.039
5.5	23.7	0.186		0.40		0.32		5.0		0.039
6	28.3	0.222		0.40	+0.10 −0.05	0.32		5.0		0.039
6.5	33.2	0.261		0.46		0.37		5.0		0.045
7	38.5	0.302		0.46		0.37		5.0		0.045
7.5	44.2	0.347		0.55		0.44		6.0		0.045
8	50.3	0.395	±4	0.55		0.44	−0.2d	6.0	±15	0.045
8.5	56.7	0.445		0.55		0.44		7.0		0.045
9	63.6	0.499		0.75		0.60		7.0		0.052
9.5	70.8	0.656		0.75		0.60		7.0		0.052
10	78.5	0.617		0.75	±0.10	0.60		7.0		0.052
10.5	86.5	0.679		0.75		0.60		7.4		0.052
11	95.0	0.746		0.85		0.68		7.4		0.056
11.5	103.8	0.815		0.95		0.76		8.4		0.056
12	113.1	0.888		0.95		0.76		8.4		0.056

注：1. 横肋 1/4 处高、横肋顶宽供孔型设计用。

2. 二面肋钢筋允许有高度不大于 0.5h 的纵筋。

4. 冷轧扭钢筋

冷轧扭钢筋是由含碳量低于 0.25%的低碳钢筋经冷轧扭工艺制成，其表面呈连续螺旋形，如图 1-5 所示。

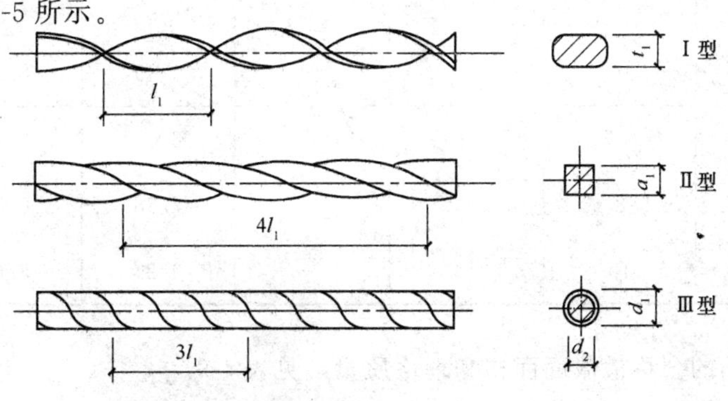

图 1-5 冷轧扭钢筋

t—轧扁厚度；l_1—节距

冷轧扭钢筋具有较高的强度，而且有足够的塑性，与混凝土粘结性能优异，代替HPB235级钢筋可节约钢材约30%。该钢筋外观呈连续均匀的螺旋状，表面光滑无裂痕，性能与其母材相比，极限抗拉强度与混凝土的握裹力分别提高了1.67倍和1.59倍。

冷轧扭钢筋适用于一般房屋和一般构筑物的冷轧扭钢筋混凝土结构设计与施工，尤其适用于现浇楼板。冷轧扭钢筋混凝土结构构件以板类及中小型梁类受弯构件为主。

冷轧扭钢筋的截面控制尺寸、节距，见表1-8。

表1-8 冷轧扭钢筋的截面控制尺寸、节距

强度级别	型号	标志直径 d（mm）	截面控制尺寸（mm）（不小于）				节距 l_1（mm）（不大于）
			轧扁厚度（t_1）	正方形边长（a_1）	外圆直径（d_1）	内圆直径（d_2）	
CTB550	Ⅰ	6.5	3.7	—	—	—	75
		8	4.2	—	—	—	95
		10	5.3	—	—	—	110
		12	6.2	—	—	—	150
	Ⅱ	6.5	—	5.40	—	—	30
		8	—	6.50	—	—	40
		10	—	8.10	—	—	50
		12	—	9.60	—	—	80
	Ⅲ	6.50	—	—	6.17	5.67	40
		8	—	—	7.59	7.09	60
		10	—	—	9.49	8.89	70
CTB650	Ⅲ	6.5	—	—	6.00	5.50	30
		8	—	—	7.38	6.88	50
		10	—	—	9.22	8.67	70

冷轧扭钢筋的公称横截面面积和理论质量，见表1-9。

表 1-9　冷轧扭钢筋的公称横截面面积和理论质量

强度级别	型号	标志直径 d（mm）	公称截面面积 A_s（mm^2）	理论质量（kg/m）
CTB500	Ⅰ	6.5	29.50	0.23
		8	45.30	0.356
		10	68.30	0.536
		12	96.14	0.755
	Ⅱ	6.5	29.20	0.229
		8	42.30	0.332
		10	66.10	0.519
		12	92.74	0.728
	Ⅲ	6.5	29.86	0.234
		8	45.24	0.355
		10	70.69	0.555
CTB650	Ⅲ	6.5	28.20	0.221
		8	42.73	0.335
		10	66.76	0.524

5. 冷拉钢筋和冷拔钢筋

为了提高钢筋的强度，达到节约钢材的目的，通常采用冷拉或冷拔等加工工艺。冷拉是在常温条件下，用强力拉伸超过钢筋的屈服点，以提高钢筋的屈服极限、强度极限和疲劳极限的一种加工工艺。但经过冷拉后的钢筋，其延伸率、冷弯性能和冲击韧性会降低。由于预应力混凝土结构所用的钢筋，主要是要求具有高的屈服极限、强度极限和变形极限等强度性能，而对延伸率、冲击韧性和冷弯性能要求不高，因此，为钢筋采用冷加工工艺提供了可能性。

对于低碳钢和低合金高强度钢，在保证要求的延伸率和冷弯指标的条件下，进行较小程度的冷加工后，既可以提高屈服极限和强度极限，又可以满足塑性的要求。需要注意的是，钢筋须在焊接后进行冷拉，否则冷拉硬化效果会在焊接时因高温影响而消失。

冷拉后的钢筋经过一段时间后，钢筋的屈服极限和强度极限将随时间的推进而提高，这个过程称为钢筋的冷拉时效，它分为人工时效和自然时效两种。

由于自然时效效果较差、时间较长，所以预应力钢筋多采用人工时效方法，即用蒸气或者电热方法加速时效的发展。冷拉钢筋是用热轧钢筋进行冷拉后制得，Ⅱ、Ⅲ

和Ⅳ级钢筋可作为预应力筋。

冷拔钢丝是用直径6.5～8mm的碳素结构钢筋冷拔后制得，按其用途不同分为甲、乙两级，甲级用于预应力筋，乙级用于焊接骨架、箍筋和构造钢筋。

二、钢筋的分类及其作用

钢筋按其在构件中起的作用不同，通常加工成各种不同的形状。构件中常见的钢筋可分为主钢筋（纵向受力钢筋）、弯起钢筋（斜钢筋）、箍筋、架立钢筋、腰筋、拉筋和分布钢筋几种类型，如图1-6所示。各种钢筋在构件中的作用，见表1-10。

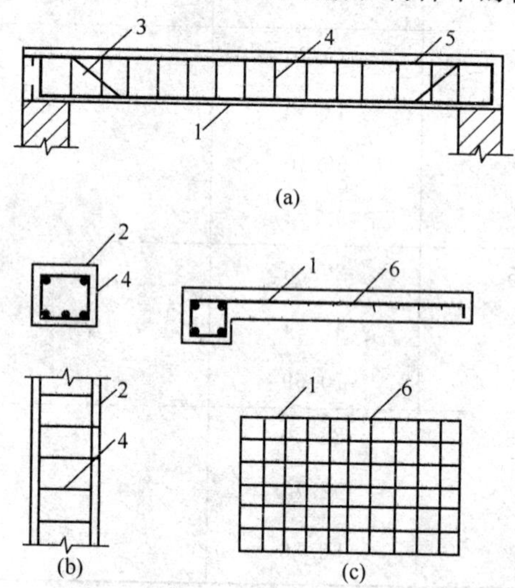

图1-6　钢筋在构件中的种类

（a）梁；（b）柱；（c）悬臂板

1—受拉钢筋；2—受压钢筋；3—弯起钢筋；4—箍筋；5—架立钢筋；6—分布钢筋

表1-10　各种钢筋在构件中的作用

项目	内　容
主钢筋	主钢筋又称纵向受力钢筋，可分受拉钢筋和受压钢筋两类。 （1）受拉钢筋配置在受弯构件的受拉区和受拉构件中承受拉力；受压钢筋配置在受弯构件的受压区和受压构件中，与混凝土共同承受压力。一般在受弯构件受压区配置主钢筋是不经济的，只有在受压区混凝土不足以承受压力时，才在受压区配置受压主钢筋以补强。受拉钢筋在构件中的位置，如图1-7所示。 （2）受压钢筋是通过计算用以承受压力的钢筋，一般配置在受压构件中，例如各种柱子、桩或屋架的受压腹杆内，还有受弯构件的受压区内也需配置受压钢筋。虽然混凝土的抗压强度较大，然而钢筋的抗压强度远大于混凝土的抗压强度，在构件的受压区配置受压钢筋，帮助混凝土承受压力，就可以减小受压构件或受压区的截面尺寸。受压钢筋在构件中的位置，如图1-8所示

（续表）

项目	内 容
弯起钢筋	弯起钢筋是受拉钢筋的一种变化形式。 在简支梁中，为抵抗支座附近由于受弯和受剪而产生的斜向拉力，就将受拉钢筋的两端弯起来，承受这部分斜拉力，称为弯起钢筋。但在连续梁和连续板中，经实验证明受拉区是变化的；跨中受拉区在连续梁、板的下部；到接近支座的部位时，受拉区主要移到梁、板的上部。为了适应这种受力情况，受拉钢筋到一定位置就须弯起。斜钢筋一般由主钢筋弯起，当主钢筋长度不够弯起时，也可采用吊筋，但不得采用浮筋
架立钢筋	架立钢筋能够固定箍筋，并与主筋等一起连成钢筋骨架，保证受力钢筋的设计位置，使其在浇筑混凝土过程中不发生移动。架立钢筋的作用是使受力钢筋和箍筋保持正确位置，以形成骨架。 当梁的高度小于150mm时，可不设箍筋，在这种情况下，梁内也不设架立钢筋。架立钢筋的直径一般为8～12mm
箍筋	箍筋除了可以满足斜截面抗剪强度外，还有使连接的受拉主钢筋和受压区的混凝土共同工作的作用。 此外，亦可用于固定主钢筋的位置而使梁内各种钢筋构成钢筋骨架。箍筋的主要作用是固定受力钢筋在构件中的位置，并使钢筋形成坚固的骨架，同时箍筋还可以承担部分拉力和剪力等。 箍筋的形式主要有开口式和闭口式两种。闭口式箍筋有三角形、圆形和矩形等多种形式。单个矩形闭口式箍筋也称双肢箍，两个双肢箍拼在一起称为四肢箍。在截面较小的梁中可使用单肢箍，在圆形或有些矩形的长条构件中也有使用螺旋形箍筋的。 箍筋的构造形式，如图1-9所示
腰筋与拉筋	腰筋的作用是防止梁太高时，由于混凝土收缩和温度变化导致梁变形而产生的竖向裂缝，同时亦可加强钢筋骨架的刚度。 当梁的截面高度超过700mm时，为了保证受力钢筋与箍筋整体骨架的稳定，以及承受构件中部混凝土收缩或温度变化所产生的拉力，在梁的两侧面沿高度每隔300～400mm设置一根直径不小于10mm的纵向构造钢筋，称为腰筋。腰筋要用拉筋连系，拉筋直径采用6～8mm。 由于安装钢筋混凝土构件的需要，在预制构件中，根据构件体形和质量，在一定位置设置有吊环钢筋。在构件和墙体连接处，部分还预埋有锚固筋等
分布钢筋	分布钢筋是指在垂直于板内主钢筋方向上布置的构造钢筋。其作用是将板面上的荷载更均匀地传递给受力钢筋，也可在施工中通过绑扎或点焊以固定主钢筋位置，还可抵抗温度应力和混凝土收缩应力

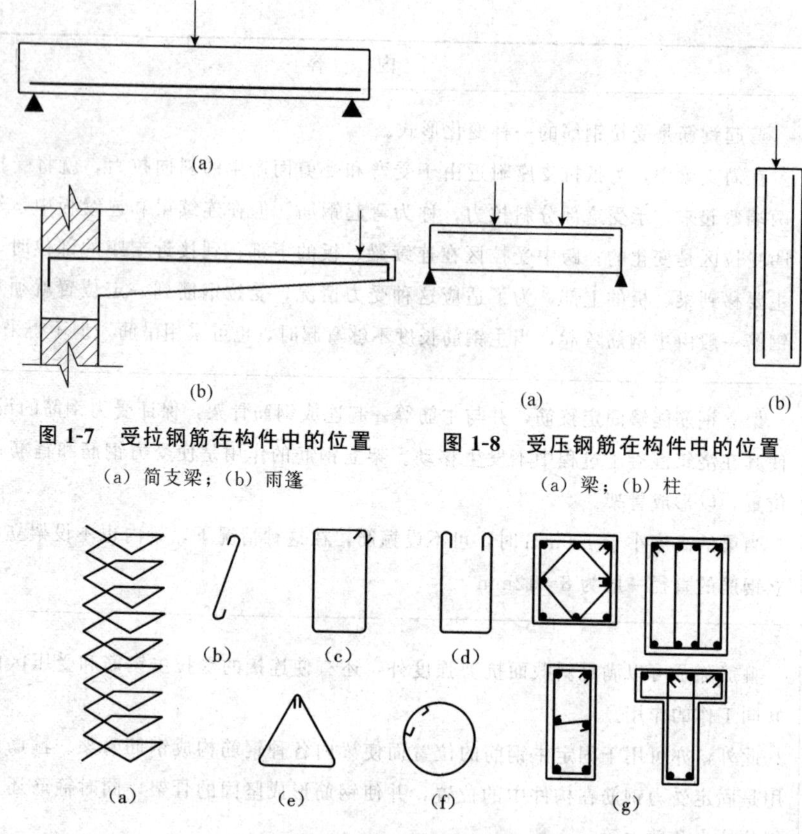

图 1-7 受拉钢筋在构件中的位置
(a) 简支梁；(b) 雨篷

图 1-8 受压钢筋在构件中的位置
(a) 梁；(b) 柱

图 1-9 箍筋的构造形式
(a) 螺旋形箍筋；(b) 单肢箍；(c) 闭口双肢箍；(d) 开口双肢箍；
(e) 闭口三角箍；(f) 闭口圆形箍；(g) 各种组合箍筋

三、钢筋的牌号

1. 钢筋牌号解释

(1) 钢筋牌号中字母的含义：

HRB——普通热轧带肋钢筋。

HRBF——细晶粒热轧带肋钢筋。

RRB——余热处理带肋钢筋。

HPB——热轧光圆钢筋。

(2) 钢筋牌号中的数字表示强度级别。如 HRB500 的含义为：强度级别为 500 MPa 的普通热轧带肋钢筋。

普通钢筋的牌号及其符号，见表 1-11。

表 1-11 普通钢筋的牌号及其符号

牌号	符号
HPB300	ϕ

（续表）

牌号	符号
HRB335	Φ
HRBF335	$Φ^{F}$
HRB400	Φ
HRBF400	$Φ^{F}$
RRB400	$Φ^{R}$
HRB500	Φ
HRBF500	$Φ^{F}$

2. 钢筋牌号的选用

混凝土结构的钢筋应按下列规定选用：

（1）纵向受力普通钢筋宜采用 HRB400、HRB500、HRBF400、HRBF500 钢筋，也可采用 HPB300、HRB335、HRBF335、RRB400 钢筋；

（2）梁、柱纵向受力普通钢筋应采用 HRB400、HRB500、HRBF400、HRBF500 钢筋；

（3）箍筋宜采用 HRB400、HRBF400、HPB300、HRB500、HRBF500 钢筋，也可采用 HRB335、HRBF335 钢筋；

（4）预应力筋宜采用预应力钢丝、钢绞线和预应力螺纹钢筋。

四、钢筋的表示方法

1. 普通钢筋的一般表示方法

普通钢筋的一般表示方法，见表 1-12。

表 1-12 普通钢筋的一般表示方法

名称	图例	说明
钢筋横断面	•	
无弯钩的钢筋端部		该图表示长、短钢筋投影重叠时，短钢筋的端部用 45°斜画线表示
带半圆形弯钩的钢筋端部		—
带直钩的钢筋端部		—
带丝扣的钢筋端部		—

（续表）

名称	图例	说明
无弯钩的钢筋搭接		—
带半圆弯钩的钢筋搭接		—
带直钩的钢筋搭接		—
花篮螺栓钢筋接头		—
机械连接的钢筋接头		用文字说明机械连接的方式（如冷挤压或直螺纹等）

2. 预应力钢筋的表示方法

预应力钢筋的表示方法，见表1-13。

表1-13 预应力钢筋的表示方法

名称	图例
预应力钢筋或钢绞线	
后张法预应力钢筋断面 无粘结预应力钢筋断面	
预应力钢筋断面	+
张拉端锚具	
固定端锚具	
锚具的端视图	
可动连接件	
固定连接件	

3. 钢筋网片的表示方法

钢筋网片的表示方法，见表1-14。

表1-14 钢筋网片的表示方法

名称	图例
一片钢筋网平面图	W-1
一行相同的钢筋网平面图	3W-1

注：用文字注明焊接网或绑扎网片。

4. 钢筋在平面、立面、剖（断）面中的表示方法

钢筋在平面、立面、剖（断）面中的表示方法，应符合下列规定：

（1）钢筋在平面图中的配置应按图 1-10 所示的方法表示。当钢筋标注的位置不够时，可采用引出线标注。引出线标注钢筋的斜短画线应为中实线或细实线。

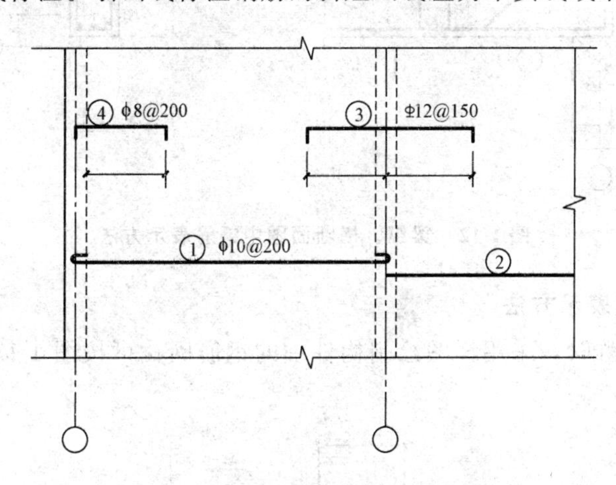

图 1-10　钢筋在楼板配筋图中的表示方法

（2）当构件布置较简单时，结构平面布置图可与板配筋平面图合并绘制。

（3）平面图中的钢筋配置较复杂时，可按表 1-15 及图 1-11 的方法绘制。

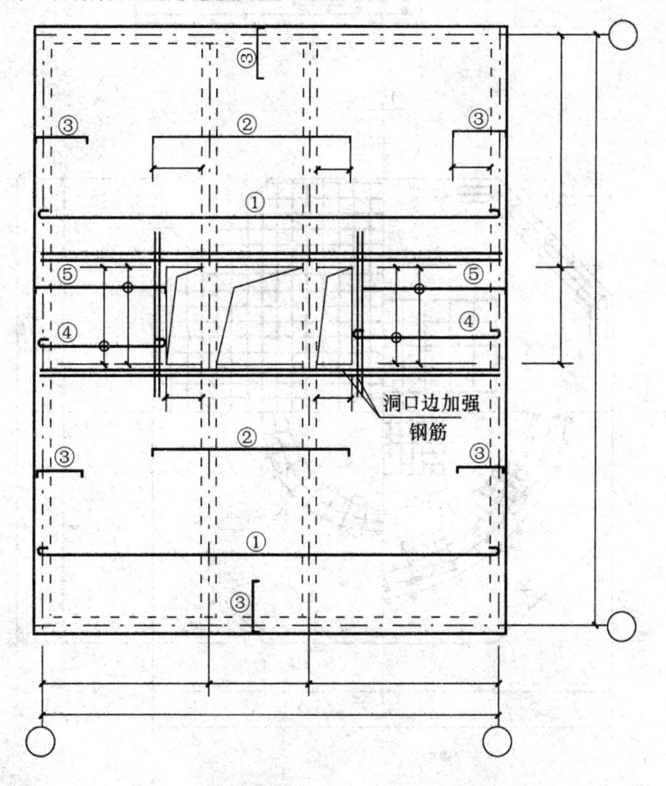

图 1-11　楼板配筋较复杂的表示方法

(4) 钢筋在梁纵、横断面图中的配置，应按图 1-12 所示的方法表示。

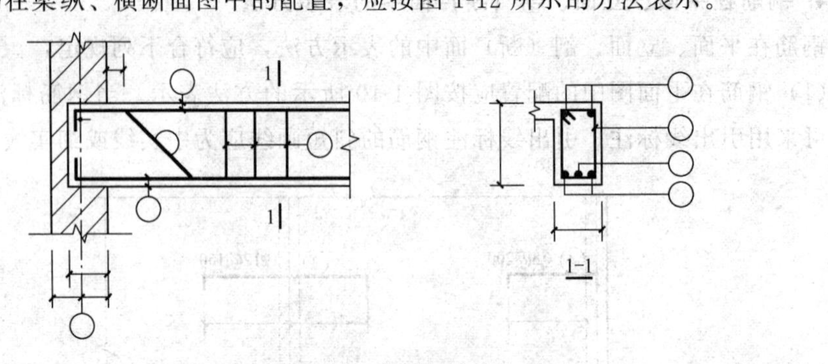

图 1-12 梁纵、横断面图中钢筋表示方法

5. 钢筋的简化表示方法

(1) 当构件对称时，采用详图绘制构件中的钢筋网片可按图 1-13 的方法用 1/2 或 1/4 表示。

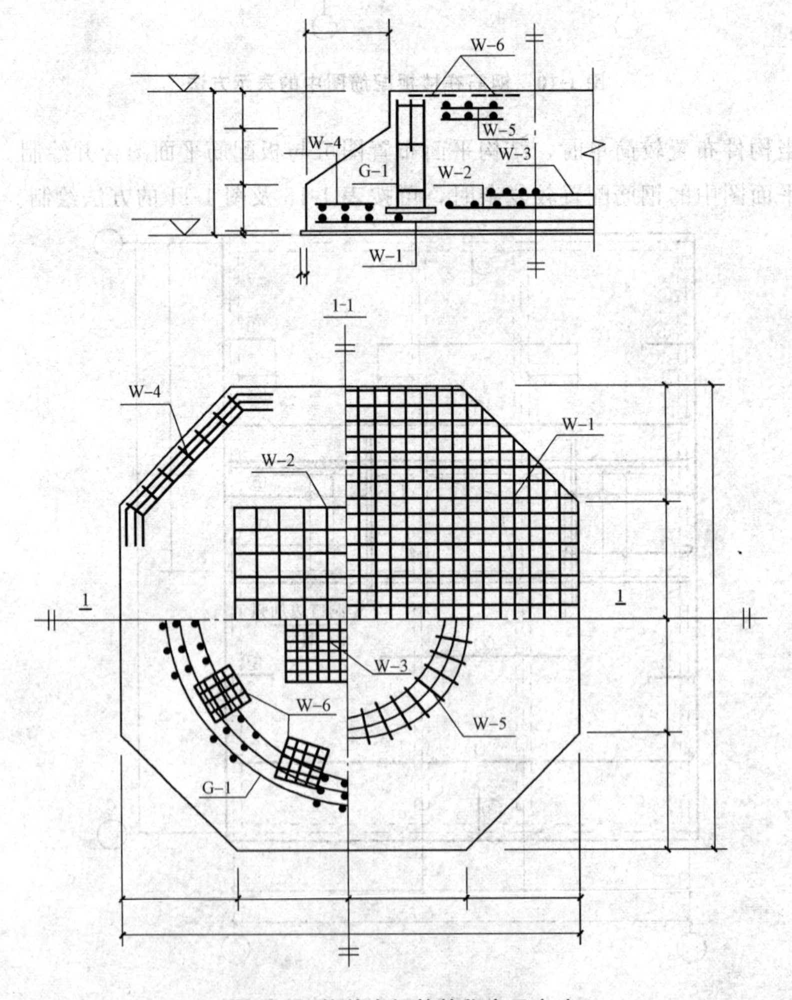

图 1-13 构件中钢筋简化表示方法

（2）钢筋混凝土构件配筋较简单时，宜按下列规定绘制配筋平面图：

1）独立基础宜按图 1-14（a）的规定在平面模板图左下角绘出波浪线，绘出钢筋并标注钢筋的直径、间距等。

2）其他构件宜按图 1-14（b）的规定在某一部位绘出波浪线，绘出钢筋并标注钢筋的直径、间距等。

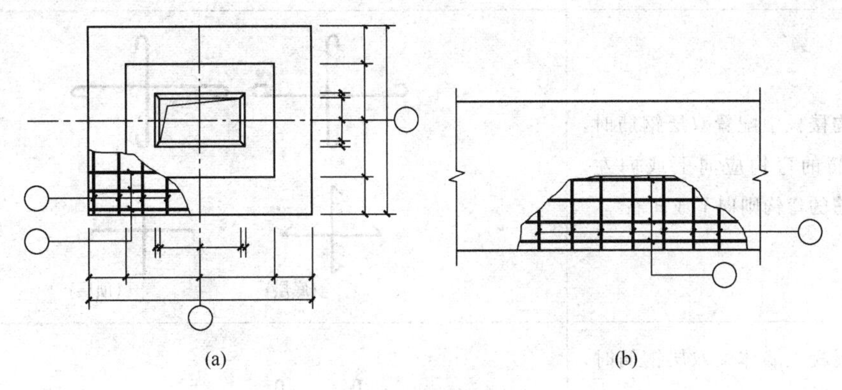

图 1-14　构件配筋简化表示方法

（a）独立基础；（b）其他构件

（3）对称的混凝土构件，宜按图 1-15 的规定在同一图样中一半表示模板，另一半表示配筋。

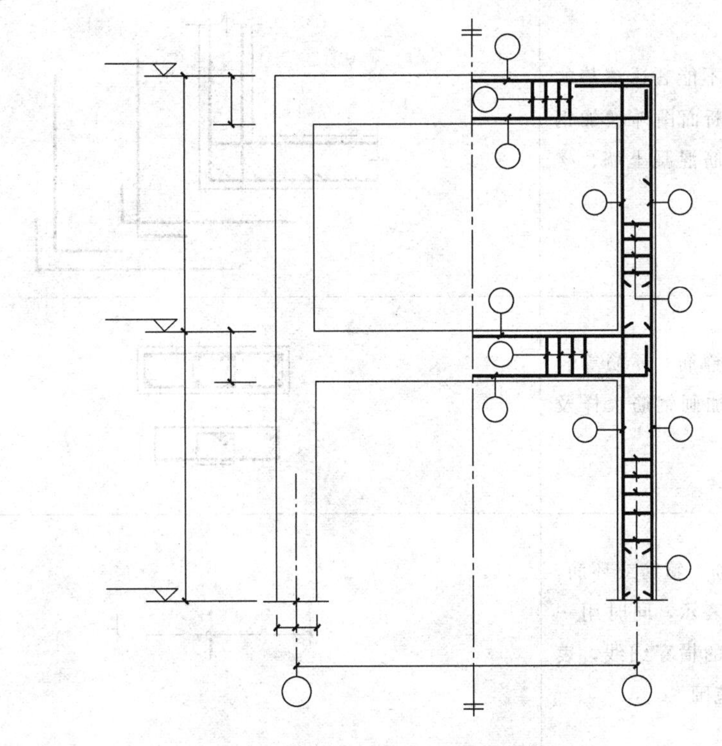

图 1-15　构件配筋简化表示方法

五、钢筋的画法

钢筋的画法，见表 1-15。

表 1-15　钢筋的画法

说明	图例
在结构楼板中配置双层钢筋时，低层钢筋的弯钩应向上或向左，顶层钢筋的弯钩则向下或向右	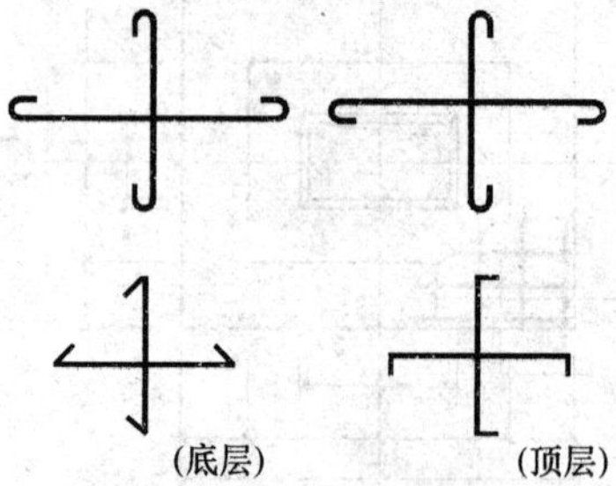 (底层)　(顶层)
钢筋混凝土墙体配双层钢筋时，在配筋立面图中，远面钢筋的弯钩应向上或向左，而近面钢筋的弯钩向下或向右（JM 近面，YM 远面）	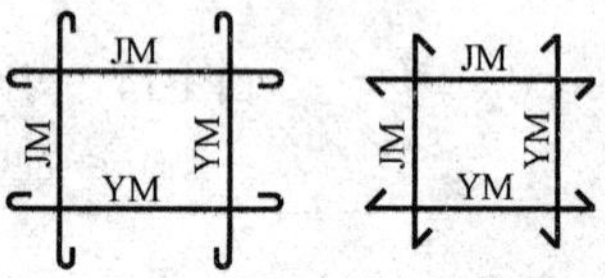 JM YM JM YM　JM YM JM YM
若在断面图中不能表达清楚的钢筋布置，应在断面图外增加钢筋大样图（如钢筋混凝土墙、楼梯等）	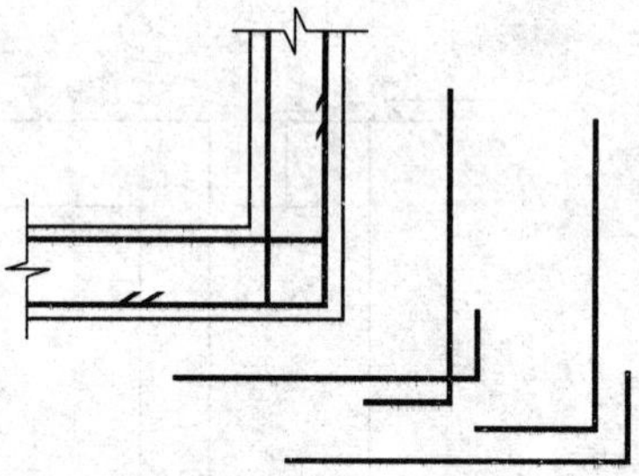
图中所表示的箍筋、环筋等若布置复杂时，可加画钢筋大样及说明	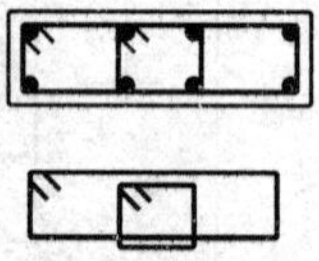
每组相同的钢筋、箍筋或环筋，可用一根粗实线表示，同时用一两端带斜短画线的横穿细线，表示其钢筋及起止范围	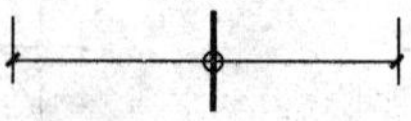

六、钢筋、钢丝束、钢筋网片及钢箍尺寸的标注

1. 钢筋、钢丝束及钢筋网片的标注

钢筋、钢丝束及钢筋网片的标注，应按下列规定进行标注：

（1）钢筋、钢丝束的说明应给出钢筋的代号、直径、数量、间距、编号及所在位置，其说明应沿钢筋的长度标注或标注在相关钢筋的引出线上。

（2）钢筋网片的编号应标注在对角线上。网片的数量应与网片的编号标注在一起。

（3）钢筋、杆件等编号的直径宜采用 5～6mm 的细实线圆表示，其编号应采用阿拉伯数字按顺序编写。

（4）简单的构件、钢筋种类较少可不编号。

2. 钢箍尺寸标注

构件配筋图中箍筋的长度尺寸，应指箍筋的里皮尺寸。弯起钢筋的高度尺寸应指钢筋的外皮尺寸，如图 1-16 所示。

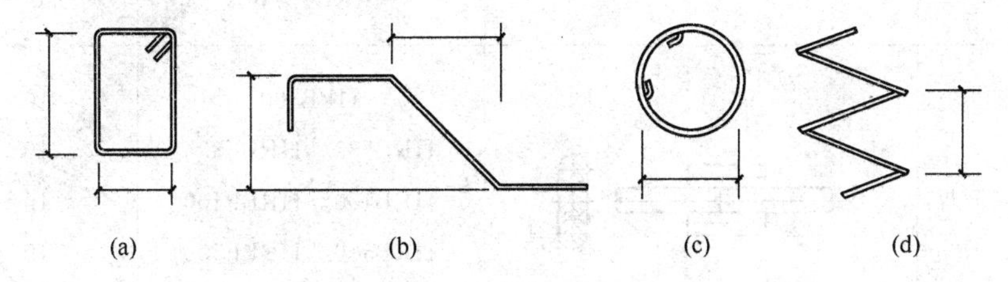

图 1-16 钢箍尺寸标注法

（a）箍筋尺寸标注；（b）弯起钢筋尺寸标注；（c）环形钢筋尺寸标注；（d）螺旋钢筋尺寸标注

七、钢筋的焊接

1. 钢筋焊接方法的适用范围

钢筋焊接方法的适用范围，见表 1-16。

表 1-16 钢筋焊接方法的适用范围

焊接方法	接头形式	适用范围	
		钢筋牌号	钢筋直径（mm）
电阻点焊		HPB300 HRB335 HRBF335 HRB400 HRBF400 HRB500 HRBF500 CRB550 CDW550	6～16 6～16 6～16 6～16 4～12 3～8

（续表）

焊接方法			接头形式	适用范围	
				钢筋牌号	钢筋直径（mm）
闪光对焊				HPB300 HRB335　HRBF335 HRB400　HRBF400 HRB500　HRBF500 RRB400W	8～22 8～40 8～40 8～40 8～32
箍筋闪光对焊				HPB300 HRB335　HRBF335 HRB400　HRBF400 HRB500　HRBF500 RRB400W	6～18 6～18 6～18 6～18 8～18
电弧焊	帮条焊	双面焊		HPB300 HRB335　HRBF335 HRB400　HRBF400 HRB500　HRBF500 RRB400W	10～22 10～40 10～40 10～32 10～25
		单面焊		HPB300 HRB335　HRBF335 HRB400　HRBF400 HRB500　HRBF500 RRB400W	10～22 10～40 10～40 10～32 10～25
	搭接焊	双面焊		HPB300 HRB335　HRBF335 HRB400　HRBF400 HRB500　HRBF500 RRB400W	10～22 10～40 10～40 10～32 10～25
		单面焊		HPB300 HRB335　HRBF335 HRB400　HRBF400 HRB500　HRBF500 RRB400W	10～22 10～40 10～40 10～32 10～25

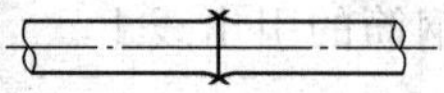

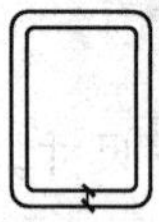

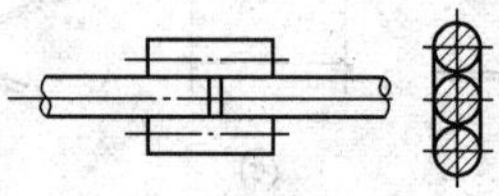

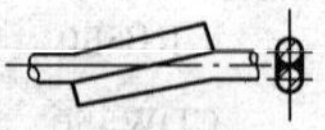

（续表）

焊接方法			接头形式	适用范围	
				钢筋牌号	钢筋直径（mm）
电弧焊	熔槽帮条焊		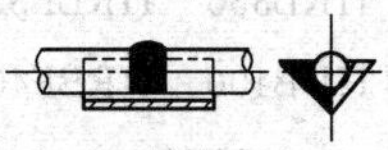	HPB300	20～22
				HRB335 HRBF335	20～40
				HRB400 HRBF400	20～40
				HRB500 HRBF500	20～32
				RRB400W	20～25
	坡口焊	平焊	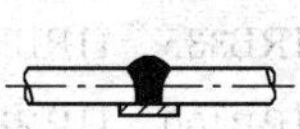	HPB300	18～22
				HRB335 HRBF335	18～40
				HRB400 HRBF400	18～40
				HRB500 HRBF500	18～32
				RRB400W	18～25
		立焊		HPB300	18～22
				HRB335 HRBF335	18～40
				HRB400 HRBF400	18～40
				HRB500 HRBF500	18～32
				RRB400W	18～25
	钢筋与钢板搭接焊		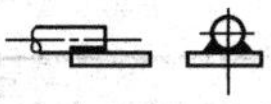	HPB300	8～22
				HRB335 HRBF335	8～40
				HRB400 HRBF400	8～40
				HRB500 HRBF500	8～32
				RRB400W	8～25
	窄间隙焊			HPB300	16～22
				HRB335 HRBF335	16～40
				HRB400 HRBF400	16～40
				HRB500 HRBF500	18～32
				RRB400W	18～25
	预埋件钢筋	角焊	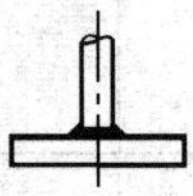	HPB300	6～22
				HRB335 HRBF335	6～25
				HRB400 HRBF400	6～25
				HRB500 HRBF500	10～20
				RRB400W	10～20

（续表）

焊接方法			接头形式	适用范围	
				钢筋牌号	钢筋直径（mm）
电弧焊	预埋件钢筋	穿孔塞焊		HPB300	20～22
				HRB335　HRBF335	20～32
				HRB400　HRBF400	20～32
				HRB500	20～28
				RRB400W	20～28
		埋弧压力焊 埋弧螺柱焊	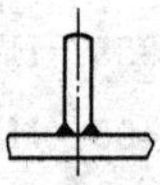	HPB300	6～22
				HRB335　HRBF335	6～28
				HRB400　HRBF400	6～28
电渣压力焊				HPB300	12～22
				HRB335	12～32
				HRB400	12～32
				HRB500	12～32
气压焊	固态 熔态		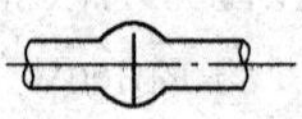	HPB300	12～22
				HRB335	12～40
			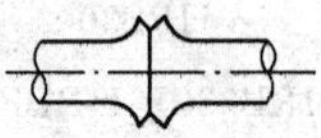	HRB400	12～40
				HRB500	12～32

注：1. 电阻点焊时，适用范围的钢筋直径指两根不同直径钢筋交叉叠接中较小钢筋的直径。

2. 电弧焊含焊条电弧焊和二氧化碳气体保护电弧焊两种工艺方法。

3. 在生产中，对于有较高要求的抗震结构用钢筋，在牌号后加 E，焊接工艺可按同级别热轧钢筋施焊；焊条应采用低氢型碱性焊条。

2. 钢筋焊接接头的接头标注方法

钢筋焊接接头的接头标注方法，见表 1-17。

表 1-17　钢筋焊接接头的接头标注方法

名称	接头形式	标注方法
单面焊接的钢筋接头	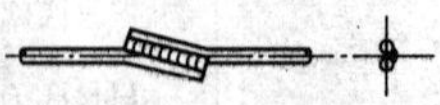	
双面焊接的钢筋接头	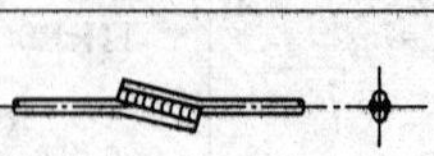	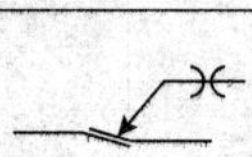

（续表）

名称	接头形式	标注方法
用帮条单面焊接的钢筋接头	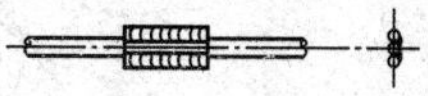	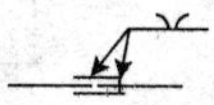
用帮条双面焊接的钢筋接头	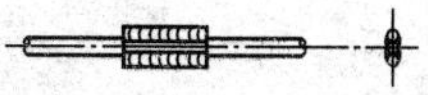	
接触对焊的钢筋接头（闪光焊、压力焊）		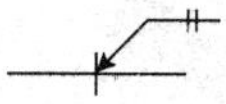
坡口平焊的钢筋接头	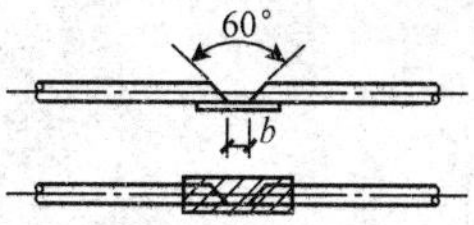 60° b	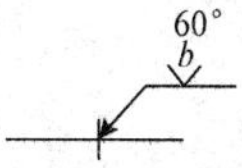 60° b
坡口立焊的钢筋接头	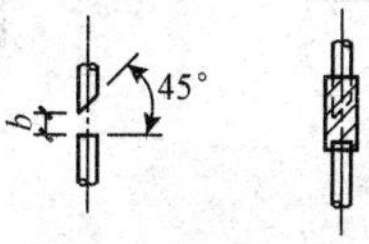 b 45°	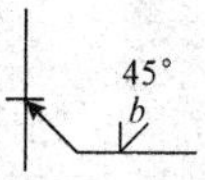 45° b
用角钢或扁钢做连接板焊接的钢筋接头	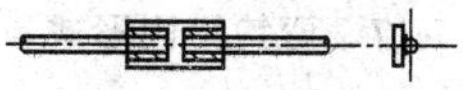	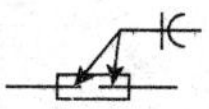
钢筋或螺（锚）栓与钢板穿孔塞焊的接头		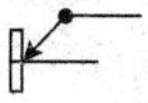

八、钢筋弯钩构造与锚固

受力钢筋的机械锚固形式，由于末端弯钩形式变化多样，且量度方法的不同会产生较大误差，因此主要以弯钩机械锚固进行说明。弯钩锚固形式，如图 1-17 所示。

对于钢筋的末端作弯钩，弯钩形式应符合设计要求；当设计无具体要求时，HPB300 级钢筋制作的箍筋，其弯钩的圆弧直径应大于受力钢筋直径，且不小于箍筋直径的 2.5 倍，弯钩平直部分长度对一般结构不小于箍筋直径的 5 倍，对有抗震要求的结构，不应小于箍筋直径的 10 倍。下列钢筋可不作弯钩：

（1）焊接骨架和焊接网中的光面钢筋，绑扎骨架中的受压光圆钢筋。

（2）钢筋骨架中的受力带肋钢筋。

对于纵向受力钢筋，如果设计计算充分利用其强度，受力钢筋伸入支座的锚固长度 l_{ab}、l_{abE}应符合基本锚固长度的要求，具体见表 1-18～表 1-20。

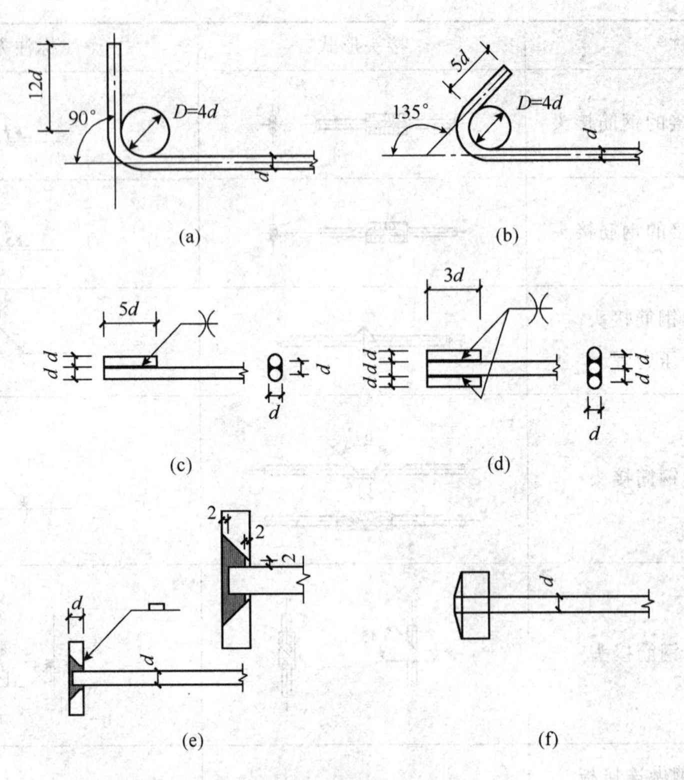

图 1-17　弯钩锚固形式

（a）末端带 90°弯钩；（b）末端带 135°弯钩；

（c）末端一侧贴焊锚筋；（d）末端两侧贴焊锚筋；

（e）末端与钢板穿孔塞焊；（f）末端带螺栓锚头

表 1-18　受拉钢筋的基本锚固长度 l_{ab}、l_{abE}

钢筋种类	抗震等级	混凝土强度等级								
		C20	C25	C30	C35	C40	C45	C50	C55	≥C60
HPB300	一、二级（l_{abE}）	45d	39d	35d	32d	29d	28d	26d	25d	24d
	三级（l_{abE}）	41d	36d	32d	29d	26d	25d	24d	23d	22d
	四级（l_{abE}） 非抗震（l_{ab}）	39d	34d	30d	28d	25d	24d	23d	22d	21d
HRB335 HRBF335	一、二级（l_{abE}）	44d	38d	33d	31d	29d	26d	25d	24d	24d
	三级（l_{abE}）	40d	35d	31d	28d	26d	24d	23d	22d	22d
	四级（l_{abE}） 非抗震（l_{ab}）	38d	33d	29d	27d	25d	23d	22d	21d	21d

（续表）

钢筋种类	抗震等级	混凝土强度等级								
		C20	C25	C30	C35	C40	C45	C50	C55	≥C60
HRB400 HRBF400 RRB400	一、二级（l_{abE}）	—	46d	40d	37d	33d	32d	31d	30d	29d
	三级（l_{abE}）	—	42d	37d	34d	30d	29d	28d	27d	26d
	四级（l_{abE}） 非抗震（l_{ab}）	—	40d	35d	32d	29d	28d	27d	26d	25d
HRB500 HRBF500	一、二级（l_{abE}）	—	55d	49d	45d	41d	39d	37d	36d	35d
	三级（l_{abE}）	—	50d	45d	41d	38d	36d	34d	33d	32d
	四级（l_{abE}） 非抗震（l_{ab}）	—	48d	43d	39d	36d	34d	32d	31d	30d

表 1-19 受拉钢筋锚固长度 l_a、抗震锚固长度 l_{aE}

非抗震	抗震	注：
$l_a=\zeta_a l_{ab}$	$l_{aE}=\zeta_{aE} l_a$	（1）l_a不应小于 200mm。 （2）锚固长度修正系数 ζ_a 按表 1-20 取用，当多于一项时，可按连乘计算，但不应小于 0.6。 （3）ζ_{aE}为抗震锚固长度修正系数，对一、二级抗震等级取 1.15，对三级抗震等级取 1.05，对四级抗震等级取 1.00

注：1. HPB300 级钢筋末端应做成 180°弯钩，弯后平直段长度不应小于 3d；但作受压钢筋时可不做弯钩。

2. 当锚固钢筋的保护层厚度不大于 5d 时，锚固钢筋长度范围内应设置横向构造钢筋，其直径不应小于 $d/4$（d 为锚固钢筋的最大直径）；对梁、柱等构件间距不应大于 5d，对板、墙等构件不应大于 10d，且均不应大于 100mm（d 为锚固钢筋的最小直径）。

表 1-20 受拉钢筋锚固长度修正系数 ζ_a

锚固条件		ζ_a	
带肋钢筋的公称直径大于 25mm		1.10	
环氧树脂涂层带肋钢筋		1.25	
施工过程中易受扰动的钢筋		1.10	
锚固区保护层厚度	3d	0.80	注：中间时按内插值。 d 为锚固钢筋直径
	5d	0.70	

第三节　构件的表示方法

一、文字注写构件的表示方法

（1）在现浇混凝土结构中，构件的截面和配筋等数值可采用文字注写方式表达。

（2）按结构层绘制的平面布置图中，直接用文字表达各类构件的编号（编号中含有构件的类型代号和顺序号）、断面尺寸、配筋及有关数值。

（3）混凝土柱可采用列表注写和在平面布置图中截面注写方式，并应符合下列规定：

1）列表注写应包括柱的编号、各段的起止标高、断面尺寸、配筋、断面形状和箍筋的类型等有关内容；

2）截面注写可在平面布置图中，选择同一编号的柱截面，直接在截面中引出断面尺寸、配筋的具体数值等，并应绘制柱的起止高度表。

（4）混凝土剪力墙可采用列表和截面注写方式，并应符合下列规定：

1）列表注写分别在剪力墙柱表、剪力墙身表及剪力墙梁表中，按编号绘制截面配筋图并注写断面尺寸和配筋等；

2）截面注写可在平面布置图中，按编号直接在墙柱、墙身和墙梁上注写断面尺寸、配筋等具体数值的内容。

（5）混凝土梁可采用在平面布置图中的平面注写和截面注写方式，并应符合下列规定：

1）平面注写可在梁平面布置图中，分别在不同编号的梁中选择一个，直接注写编号、断面尺寸、跨数、配筋的具体数值和相对高差（无高差可不注写）等内容；

2）截面注写可在平面布置图中，分别在不同编号的梁中选择一个，用剖面号引出截面图形并在其上注写断面尺寸、配筋的具体数值等。

（6）重要构件或较复杂的构件，不宜采用文字注写方式表达构件的截面尺寸和配筋等有关数值，宜采用绘制构件详图的表示方法。

（7）基础、楼梯、地下室结构等其他构件，当采用文字注写方式绘制图纸时，可采用在平面布置图上直接注写有关具体数值，也可采用列表注写的方式。

（8）采用文字注写构件的尺寸、配筋等数值的图样，应绘制相应的节点做法及标准构造详图。

二、预埋件、预留孔洞的表示方法

（1）在混凝土构件上设置预埋件时，可按图 1-18 的规定在平面图或立面图上表示。

引出线指向预埋件，并标注预埋件的代号。

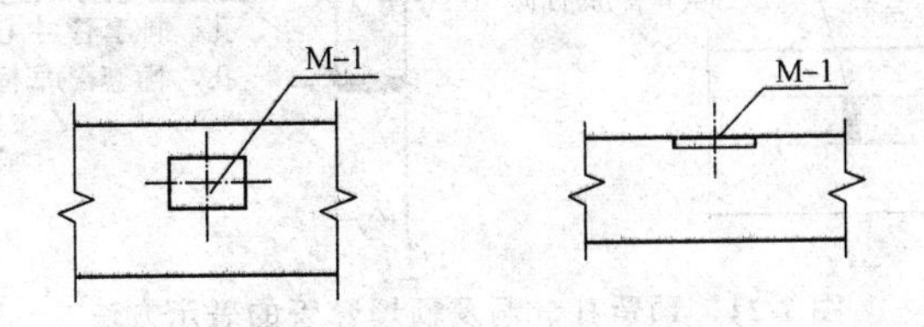

图 1-18 预埋件的表示方法

（2）在混凝土构件的正、反面同一位置均设置相同的预埋件时，可按图 1-19 的规定，引出线为一条实线和一条虚线并指向预埋件，同时在引出横线上标注预埋件的数量及代号。

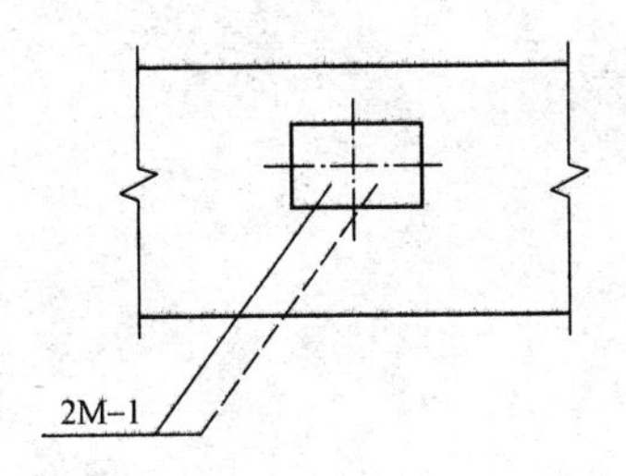

图 1-19 同一位置正、反面预埋件相同的表示方法

（3）在混凝土构件的正、反面同一位置设置编号不同的预埋件时，可按图 1-20 的规定引一条实线和一条虚线并指向预埋件。引出横线上标注正面预埋件代号，引出横线下标注反面预埋件代号。

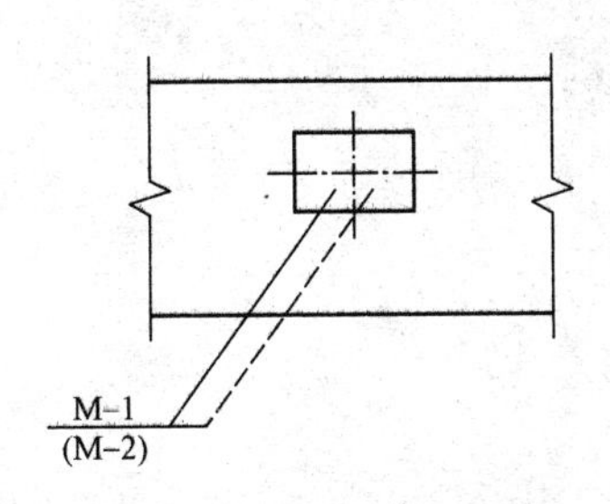

图 1-20 同一位置正、反面预埋件不相同的表示方法

（4）在构件上设置预留孔、洞或预埋套管时，可按图 1-21 的规定在平面或断面图中表示。引出线指向预留（埋）位置，引出横线上方标注预留孔、洞的尺寸，预埋套管的外径。横线下方标注孔、洞（套管）的中心标高或底标高。

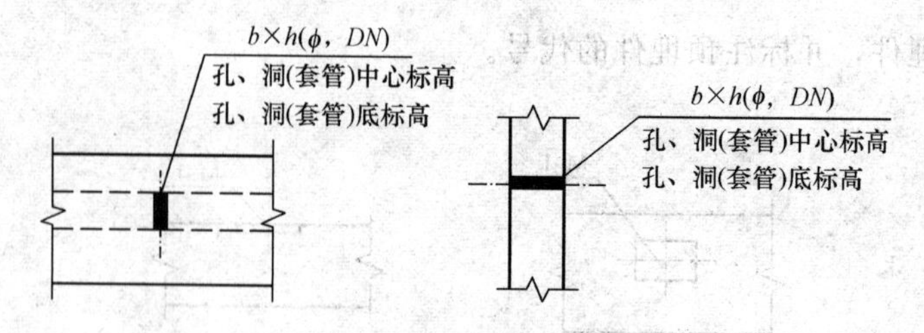

图 1-21　预留孔、洞及预埋套管的表示方法

第二章 建筑制图基本规定

第一节 图纸幅面规格

一、图纸幅面

（1）图纸幅面及图框尺寸应符合表 2-1 的规定及图 2-1～图 2-4 的格式。

表 2-1 幅面及图框尺寸 （单位：mm）

幅面代号 尺寸代号	A0	A1	A2	A3	A4
$b\times l$	841×1 189	594×841	420×594	297×420	210×297
c	10			5	
a	25				

注：表中 b 为幅面短边尺寸，l 为幅面长边尺寸，c 为图框线与幅面线间宽度，a 为图框线与装订边间宽度。

（2）需要微缩复制的图纸，其一个边上应附有一段准确米制尺度，四个边上均附有对中标志，米制尺度的总长应为 100mm，分格应为 10mm。对中标志应画在图纸内框各边长的中点处，线宽 0.35mm，并应伸入内框边，在框外为 5mm。对中标志的线段，于 l_1 和 b_1 范围取中。

（3）图纸的短边尺寸不应加长，A0～A3 幅面长边尺寸可加长，但应符合表 2-2 的规定。

（4）图纸以短边作为垂直边应为横式，以短边作为水平边应为立式。A0～A3 图纸宜横式使用；必要时，也可立式使用。

（5）一个工程设计中，每个专业所使用的图纸，不宜多于两种幅面，不含目录及表格所采用的 A4 幅面。

表 2-2　图纸长边加长尺寸　（单位：mm）

幅面代号	长边尺寸	长边加长后的尺寸
A0	1 189	1 486（A0+1/4 l）　1 635（A0+3/8 l）　1 783（A0+1/2 l） 1 932（A0+5/8 l）　2 080（A0+3/4 l）　2 230（A0+7/8 l） 2 378（A0+l）
A1	841	1 051（A1+1/4 l）　1 261（A1+1/2 l）　1 471（A1+3/4 l） 1 682（A1+ l）　1 892（A1+5/4 l）　2 102（A1+3/2 l）
A2	594	743（A2+1/4 l）　891（A2+1/2 l）　1 041（A2+3/4 l） 1 189（A2+ l）　1 338（A2+5/4 l）　1 486（A2+3/2 l） 1 635（A2+7/4 l）　1 783（A2+2 l）　1 932（A2+9/4 l） 2 080（A2+5/2 l）
A3	420	630（A3+1/2 l）　841（A3+ l）　1 051（A3+3/2 l） 1 261（A3+2 l）　1 471（A3+5/2 l）　1 682（A3+3 l） 1 892（A3+7/2 l）

注：有特殊需要的图纸，可采用 $b \times l$ 为 841mm×891mm 与 1 189mm×1 261mm 的幅面。

二、标题栏

(1) 图纸中应有标题栏、图框线、幅面线、装订边线和对中标志。图纸的标题栏及装订边的位置，应符合下列规定：

1) 横式使用的图纸，应按图 2-1、图 2-2 的形式进行布置。

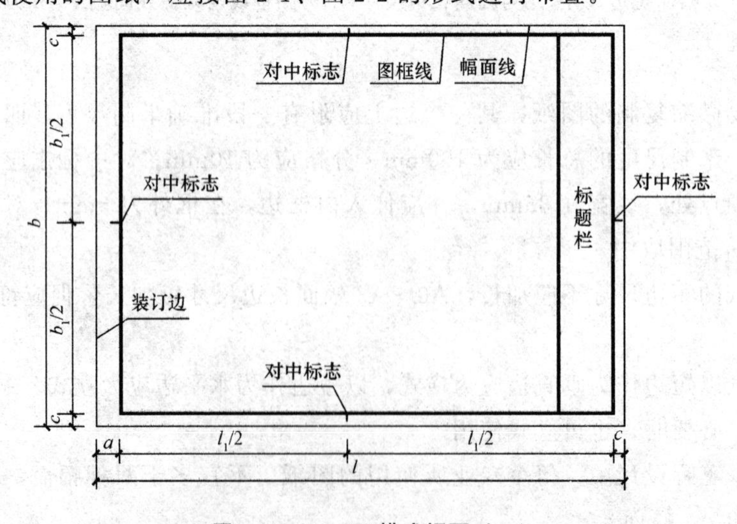

图 2-1　A0～A3 横式幅面（一）

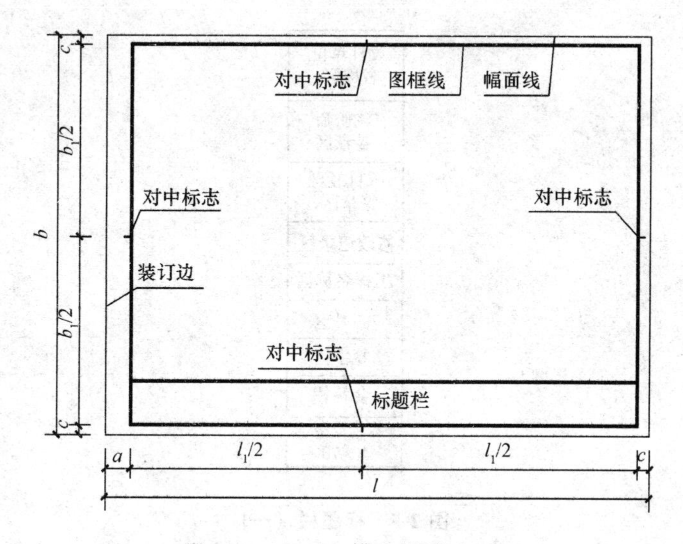

图 2-2　A0～A3 横式幅面（二）

2）立式使用的图纸，应按图 2-3、图 2-4 的形式进行布置。

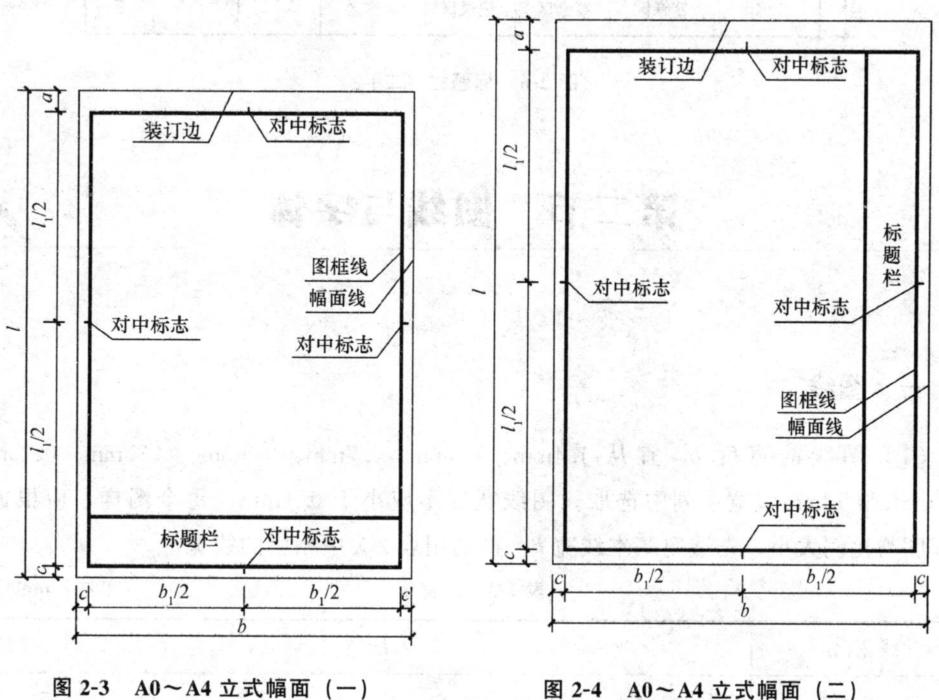

图 2-3　A0～A4 立式幅面（一）

图 2-4　A0～A4 立式幅面（二）

（2）标题栏应符合图 2-5、图 2-6 的规定，根据工程的需要选择确定其尺寸、格式及分区。签字栏应包括实名列和签名列，涉外工程的标题栏内，各项主要内容的中文下方应附有译文，设计单位的上方或左方，应加“中华人民共和国”字样；在计算机制图文件中当使用电子签名与认证时，应符合国家有关电子签名法的规定。

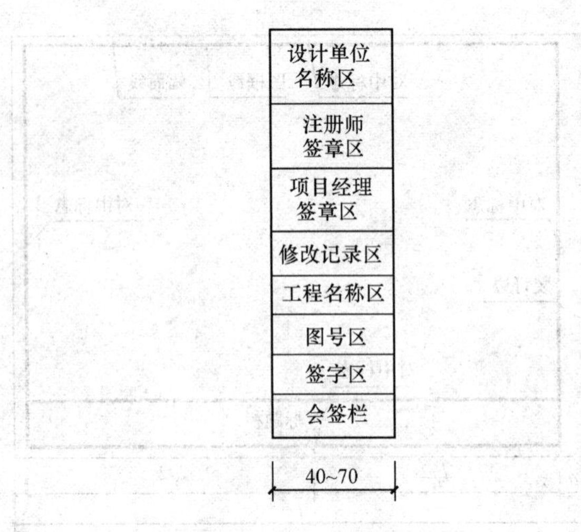

图 2-5　标题栏（一）

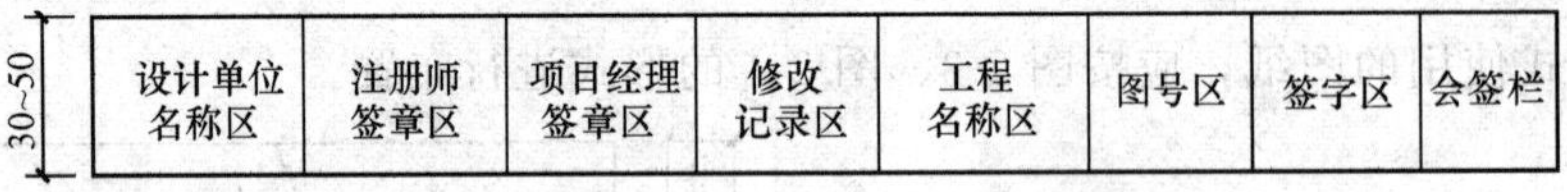

设计单位名称区	注册师签章区	项目经理签章区	修改记录区	工程名称区	图号区	签字区	会签栏

30~50

图 2-6　标题栏（二）

第二节　图线与字体

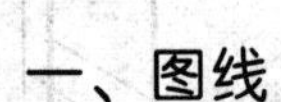

一、图线

（1）图线的宽度 b，宜从 1.4mm、1.0mm、0.7mm、0.5mm、0.35mm、0.25mm、0.18mm、0.13mm 线宽系列中选取。图线宽度不应小于 0.1mm。每个图样，应根据复杂程度与比例大小，先选定基本线宽 b，再选用表 2-3 中相应的线宽组。

表 2-3　线宽组　（单位：mm）

线宽比	线宽组			
b	1.4	1.0	0.7	0.5
$0.7b$	1.0	0.7	0.5	0.35
$0.5b$	0.7	0.5	0.35	0.25
$0.25b$	0.35	0.25	0.18	0.13

注：1. 需要缩微的图纸，不宜采用 0.18mm 及更细的线宽。

2. 同一张图纸内，各不同线宽中的细线，可统一采用较细的线宽组的细线。

（2）工程建设制图应选用表 2-4 所示的图线。

表 2-4　图线

名称		线型	线宽	用　途
实线	粗		b	主要可见轮廓线
	中粗		$0.7b$	可见轮廓线
	中		$0.5b$	可见轮廓线、尺寸线、变更云线
	细		$0.25b$	图例填充线、家具线
虚线	粗		b	见各有关专业制图标准
	中粗		$0.7b$	不可见轮廓线
	中		$0.5b$	不可见轮廓线、图例线
	细		$0.25b$	图例填充线、家具线
单点长画线	粗		b	见各有关专业制图标准
	中		$0.5b$	见各有关专业制图标准
	细		$0.25b$	中心线、对称线、轴线等
双点长画线	粗		b	见各有关专业制图标准
	中		$0.5b$	见各有关专业制图标准
	细		$0.25b$	假想轮廓线、成型前原始轮廓线
折断线	细		$0.25b$	断开界线
波浪线	细		$0.25b$	断开界线

（3）同一张图纸内，相同比例的各图样，应选用相同的线宽组。

（4）图纸的图框和标题栏线可采用表 2-5 的线宽。

表 2-5　图框和标题栏线的宽度　（单位：mm）

幅面代号	图框线	标题栏外框线	标题栏分格线
A0、A1	b	$0.5b$	$0.25b$
A2、A3、A4	b	$0.7b$	$0.35b$

（5）相互平行的图例线，其净间隙或线中间隙不宜小于 0.2mm。

（6）虚线、单点长画线或双点长画线的线段长度和间隔，宜各自相等。

（7）单点长画线或双点长画线，当在较小图形中绘制有困难时，可用实线代替。

（8）单点长画线或双点长画线的两端，不应是点。点画线与点画线交接点或点画线与其他图线交接时，应是线段交接。

(9) 虚线与虚线交接或虚线与其他图线交接时，应是线段交接。虚线为实线的延长线时，不得与实线相接。

(10) 图线不得与文字、数字或符号重叠、混淆，不可避免时，应首先保证文字的清晰。

二、字体

(1) 图纸上所需书写的文字、数字或符号等，均应笔画清晰、字体端正、排列整齐；标点符号应清楚正确。

(2) 文字的字高应从表 2-6 中选用。字高大于 10mm 的文字宜采用 True type 字体，当需书写更大的字时，其高度应按$\sqrt{2}$的倍数递增。

表 2-6 文字的字高 (单位：mm)

字体种类	中文矢量字体	True type 字体及非中文矢量字体
字高	3.5、5、7、10、14、20	3、4、6、8、10、14、20

(3) 图样及说明中的汉字，宜采用长仿宋体或黑体，同一图纸字体种类不应超过两种。长仿宋体的高宽关系应符合表 2-7 的规定，黑体字的宽度与高度应相同。大标题、图册封面、地形图等的汉字，也可书写成其他字体，但应易于辨认。

表 2-7 长仿宋字高宽关系 (单位：mm)

字高	20	14	10	7	5	3.5
字宽	14	10	7	5	3.5	2.5

(4) 汉字的简化字书写应符合国家有关汉字简化方案的规定。

(5) 图样及说明中的拉丁字母、阿拉伯数字与罗马数字，宜采用单线简体或 ROMAN 字体。拉丁字母、阿拉伯数字与罗马数字的书写规则，应符合表 2-8 的规定。

表 2-8 拉丁字母、阿拉伯数字与罗马数字的书写规则

书写格式	字体	窄字体
大写字母高度	h	h
小写字母高度（上下均无延伸）	$7/10\ h$	$10/14\ h$
小写字母伸出的头部或尾部	$3/10\ h$	$4/14\ h$
笔画宽度	$1/10\ h$	$1/14\ h$
字母间距	$2/10\ h$	$2/14\ h$
上下行基准线的最小间距	$15/10\ h$	$21/14\ h$
词间距	$6/10\ h$	$6/14\ h$

(6) 拉丁字母、阿拉伯数字与罗马数字，当需写成斜体字时，其斜度应是从字的

底线逆时针向上倾斜75°。斜体字的高度和宽度应与相应的直体字相等。

(7) 拉丁字母、阿拉伯数字与罗马数字的字高，不应小于2.5mm。

(8) 数量的数值注写，应采用正体阿拉伯数字。各种计量单位凡前面有量值的，均应采用国家颁布的单位符号注写。单位符号应采用正体字母。

(9) 分数、百分数和比例数的注写，应采用阿拉伯数字和数学符号。

(10) 当注写的数字小于1时，应写出各位的“0”，小数点应采用圆点，齐基准线书写。

(11) 长仿宋汉字、拉丁字母、阿拉伯数字与罗马数字示例应符合现行国家标准《技术制图　字体》(GB/T 14691—1993) 的有关规定。

第三节　符号

一、剖切符号

(1) 剖视的剖切符号应由剖切位置线及剖视方向线组成，均应以粗实线绘制。剖视的剖切符号应符合下列规定：

1) 剖切位置线的长度宜为6～10mm；剖视方向线应垂直于剖切位置线，长度应短于剖切位置线，宜为4～6mm（图2-7），也可采用国际统一和常用的剖视方法，如图2-8所示。绘制时，剖视剖切符号不应与其他图线相接触。

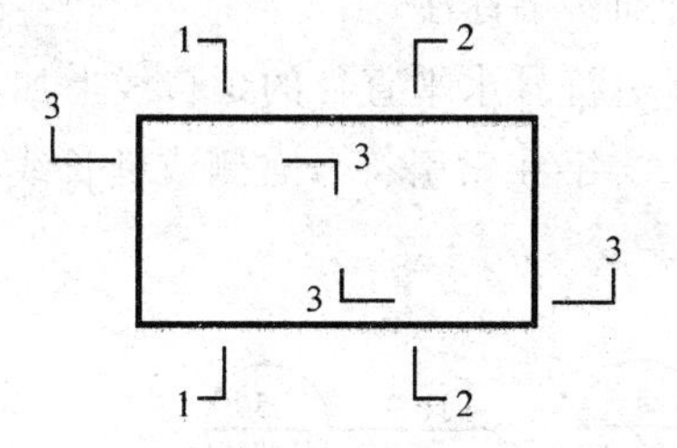

图 2-7　剖视的剖切符号（一）

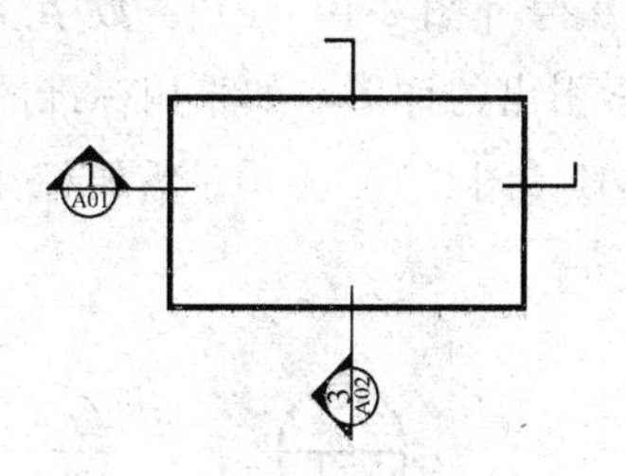

图 2-8　剖视的剖切符号（二）

2) 剖视剖切符号的编号宜采用粗阿拉伯数字，按剖切顺序由左至右、由下向上连续编排，并应注写在剖视方向线的端部。

3) 需要转折的剖切位置线，应在转角的外侧加注与该符号相同的编号。

4) 建（构）筑物剖面图的剖切符号应注在±0.000标高的平面图或首层平面图上。

5) 局部剖面图（不含首层）的剖切符号应注在包含剖切部位的最下面一层的平面图上。

(2) 断面的剖切符号应符合下列规定：

1）断面的剖切符号应只用剖切位置线表示，并应以粗实线绘制，长度宜为6～10mm。

2）断面剖切符号的编号宜采用阿拉伯数字，按顺序连续编排，并应注写在剖切位置线的一侧；编号所在的一侧应为该断面的剖视方向，如图2-9所示。

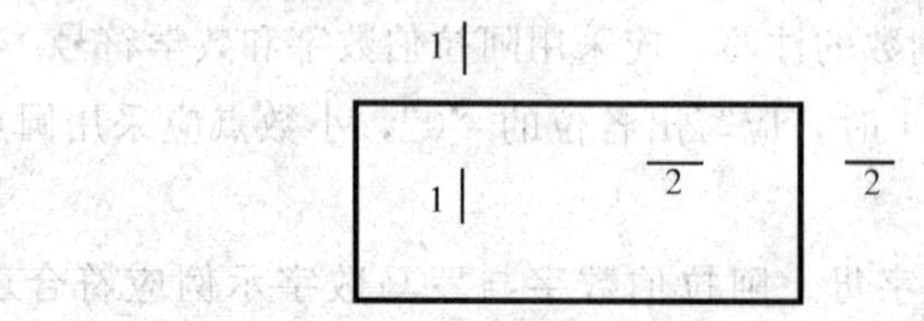

图2-9 断面的剖切符号

（3）剖面图或断面图，当与被剖切图样不在同一张图内时，应在剖切位置线的另一侧注明其所在图纸的编号，也可以在图上集中说明。

二、索引符号与详图符号

（1）图样中的某一局部或构件，如需另见详图，应以索引符号索引［图2-10（a）］。索引符号是由直径为8～10mm的圆和水平直径组成，圆及水平直径应以细实线绘制。索引符号应按下列规定编写：

1）索引出的详图，如与被索引的详图同在一张图纸内，应在索引符号的上半圆中用阿拉伯数字注明该详图的编号，并在下半圆中间画一段水平细实线［图2-10（b）］。

2）索引出的详图，如与被索引的详图不在同一张图纸内，应在索引符号的上半圆中用阿拉伯数字注明该详图的编号，在索引符号的下半圆用阿拉伯数字注明该详图所在图纸的编号［图2-10（c）］。数字较多时，可加文字标注。

3）索引出的详图，如采用标准图，应在索引符号水平直径的延长线上加注该标准图集的编号［图2-10（d）］。需要标注比例时，文字在索引符号右侧或延长线下方，与符号下对齐。

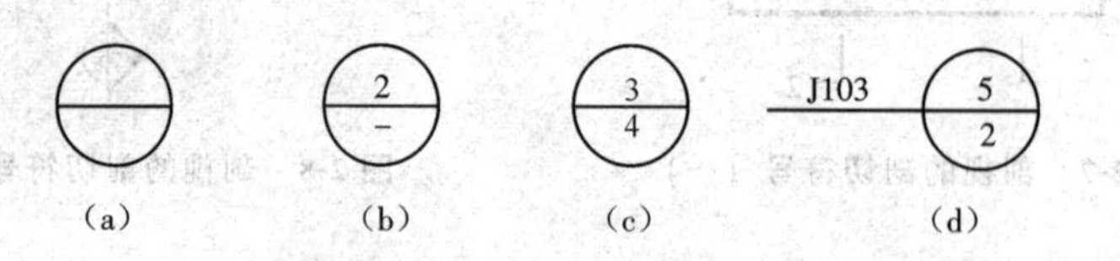

图2-10 索引符号

（2）索引符号当用于索引剖视详图，应在被剖切的部位绘制剖切位置线，并以引出线引出索引符号，引出线所在的一侧应为剖视方向。索引符号的编写应符合上述（1）的规定，如图2-11所示。

（3）零件、钢筋、杆件、设备等的编号宜以直径为5～6mm的细实线圆表示，同

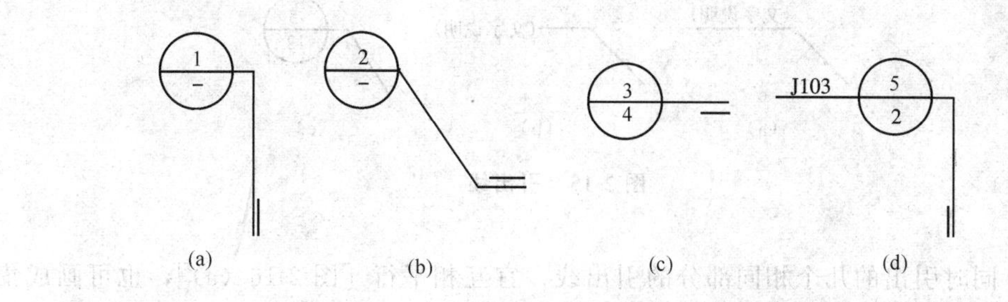

图 2-11　用于索引剖面详图的索引符号

一图样应保持一致，其编号应用阿拉伯数字按顺序编写（图 2-12）。消火栓、配电箱、管井等的索引符号，直径宜为 4～6mm。

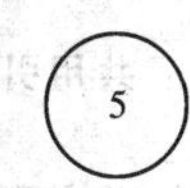

图 2-12　零件、钢筋等的编号

（4）详图的位置和编号应以详图符号表示。详图符号的圆应以直径为 14mm 粗实线绘制。详图编号应符合下列规定：

1）详图与被索引的图样同在一张图纸内时，应在详图符号内用阿拉伯数字注明详图的编号（图 2-13）。

图 2-13　与被索引图样同在一张图纸内的详图符号

2）详图与被索引的图样不在同一张图纸内时，应用细实线在详图符号内画一水平直径，在上半圆中注明详图编号，在下半圆中注明被索引的图纸的编号（图 2-14）。

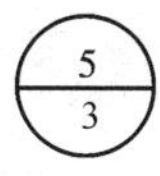

图 2-14　与被索引图样不在同一张图纸内的详图符号

三、引出线

（1）引出线应以细实线绘制，宜采用水平方向的直线，与水平方向成 30°、45°、60°、90°的直线，或经上述角度再折为水平线。文字说明宜注写在水平线的上方［图 2-15（a)］，也可注写在水平线的端部［图 2-15（b)］。索引详图的引出线，应与水平直径线相连接［图 2-15（c)］。

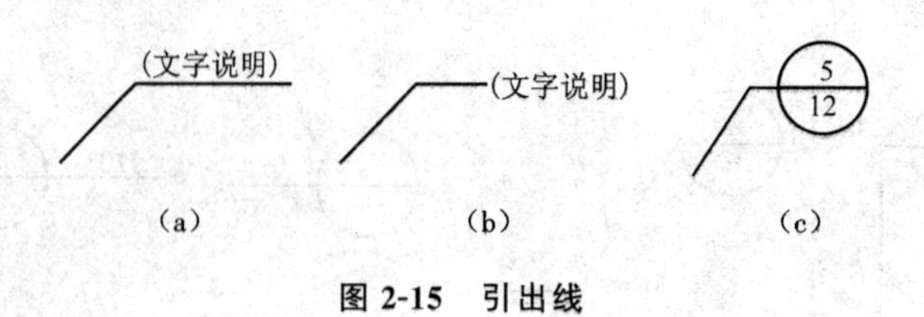

图 2-15 引出线

（2）同时引出的几个相同部分的引出线，宜互相平行［图 2-16（a）］，也可画成集中于一点的放射线［图 2-16（b）］。

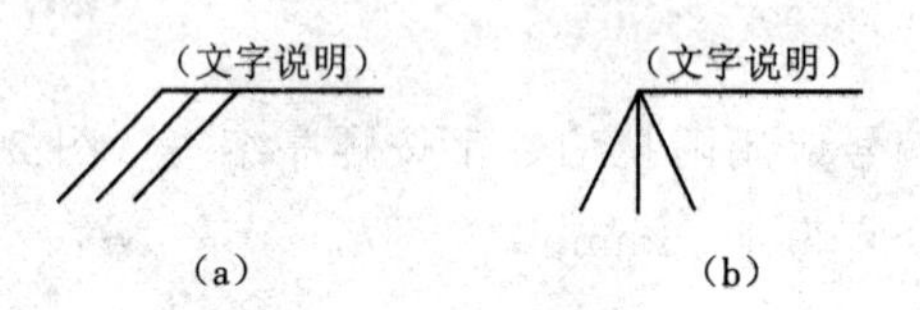

图 2-16 共用引出线

（3）多层构造或多层管道共用引出线，应通过被引出的各层，并用圆点示意对应各层次。文字说明宜注写在水平线的上方，或注写在水平线的端部，说明的顺序应由上至下，并应与被说明的层次对应一致；如层次为横向排序，则由上至下的说明顺序应与由左至右的层次对应一致，如图 2-17 所示。

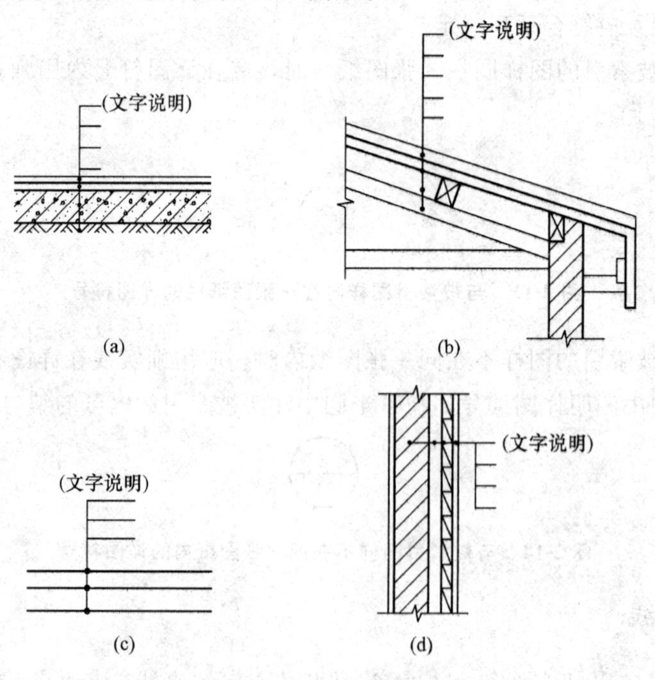

图 2-17 多层共用引出线

四、其他符号

（1）对称符号由对称线和两端的两对平行线组成。对称线用细单点长画线绘制；平行线用细实线绘制，其长度宜为 6～10mm，每对的间距宜为 2～3mm；对称线垂直平分于两对平行线，两端超出平行线宜为 2～3mm，如图 2-18 所示。

（2）连接符号应以折断线表示需连接的部位。两部位相距过远时，折断线两端靠图样一侧应标注大写拉丁字母表示连接编号。两个被连接的图样应用相同的字母编号，如图 2-19 所示。

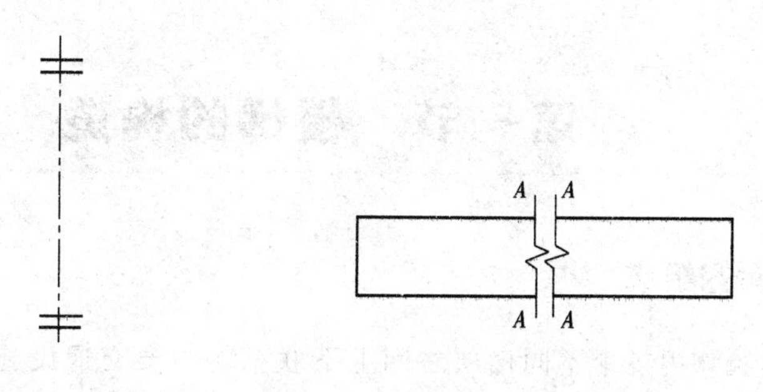

图 2-18　对称符号

图 2-19　连接符号

A—连接编号

（3）指北针的形状符合图 2-20 的规定，其圆的直径宜为24mm，用细实线绘制；指针尾部的宽度宜为 3mm，指针头部应注“北”或“N”字。需用较大直径绘制指北针时，指针尾部的宽度宜为直径的 1/8。

（4）对图纸中局部变更部分宜采用云线，并宜注明修改版次，如图 2-21 所示。

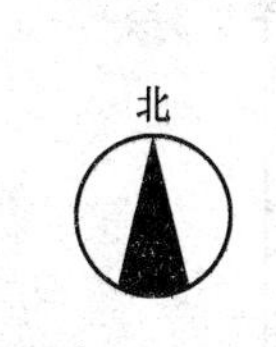

图 2-20　指北针

图 2-21　变更云线

1—修改次数

第三章 板式楼梯的介绍

第一节 楼梯的构造

一、楼梯的组成

楼梯是建筑物内各个不同楼层之间上下联系的主要交通设施。在层数较多或有特种需要的建筑物中，往往设有电梯或自动楼梯，但同时也必须设置楼梯。

楼梯应做到上下通行方便，有足够的通行宽度和疏散能力，包括人行及搬运家具物品；并应满足坚固、耐久、安全、防火和一定的审美要求。

楼梯由楼梯梯段、楼梯平台和扶手栏杆（板）三部分组成，如图 3-1 所示。

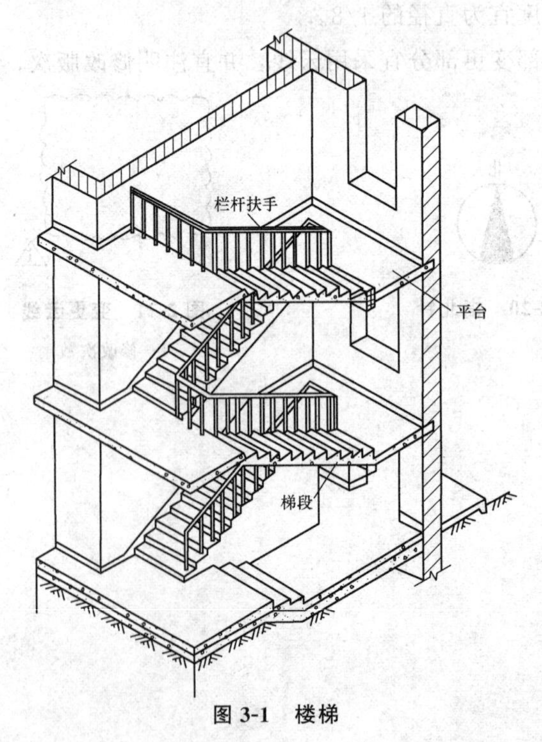

图 3-1 楼梯

1. 楼梯梯段

由若干个踏步组成，供层间上下行走的通道段落，称为梯段。一个梯段称为一跑，梯段上的踏步供行走时踏脚的水平部分称作踏面，形成踏步高差的垂直部分称作踢面。楼梯的坡度就是由踏面和踢面之间的尺寸关系决定的。

2. 楼梯平台

楼梯平台指连接两个梯段之间的水平部分，是用来供楼梯转折、连通某个楼层或供使用者在攀登一定的距离后稍作休息的平台。平台的标高可与某个楼层相一致，也可介于两个楼层之间。与楼层标高相一致的平台称为正平台，也可称作楼层平台，用于疏散到达各楼层的人流。介于两个楼层之间的平台称为半平台，也可称作中间平台，用于人们行走时调整体力和改变方向。

3. 扶手栏杆（板）

为了在楼梯上行走安全，在梯段和平台的临空边缘应设置具有一定安全高度要求的维护构件，即栏杆或栏板，其顶部设依扶用的连续构件，称为扶手。扶手也可附设于墙上，称为靠墙扶手。

二、楼梯的形式

楼梯的形式，有直跑单跑楼梯、直跑多跑楼梯、折角楼梯等，具体见表 3-1。

表 3-1　楼梯的组成形式

项目	示意图
直跑单跑楼梯	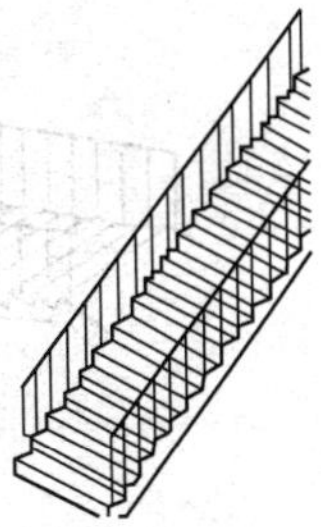
直跑多跑楼梯	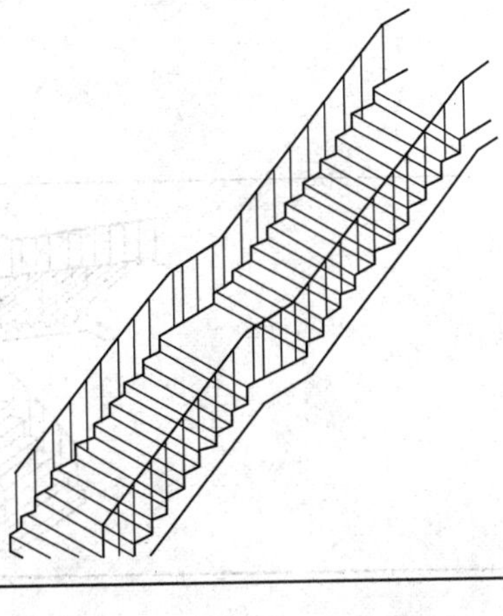

（续表）

项目	示意图
折角楼梯	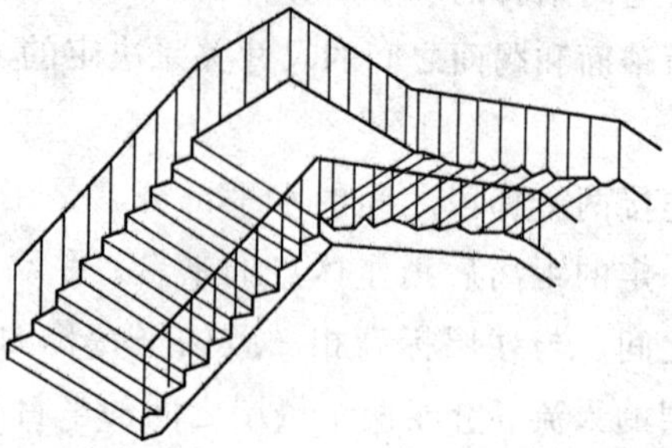
双分折角楼梯	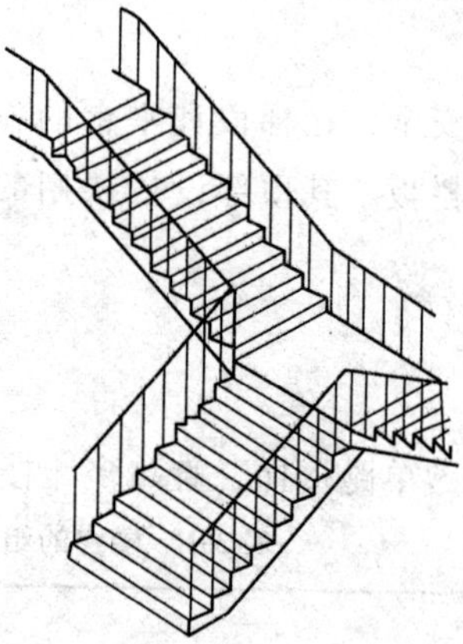
三折楼梯	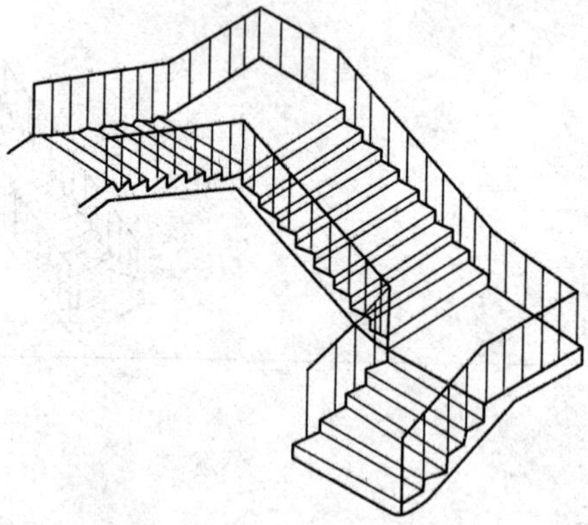
对折楼梯	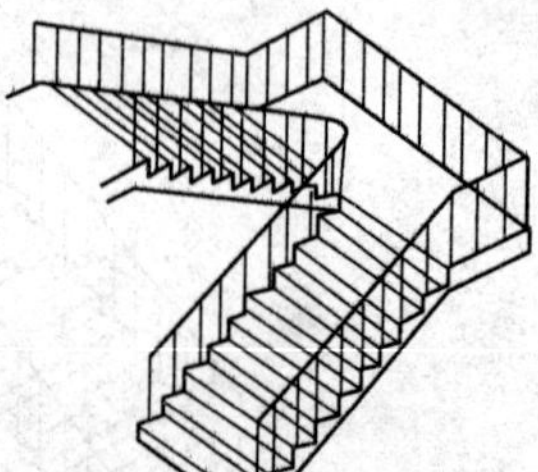

（续表）

项目	示意图
双分对折楼梯	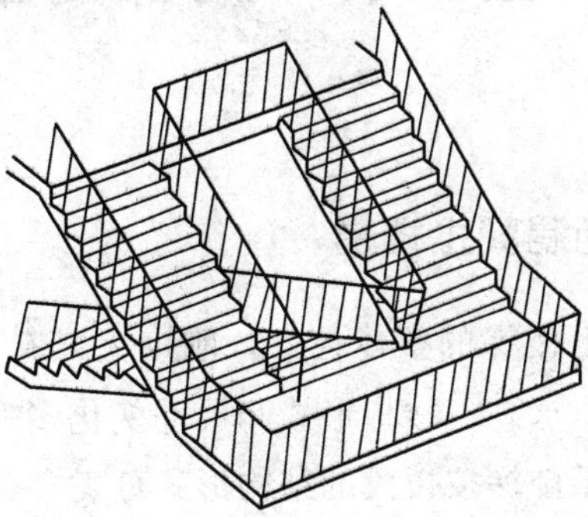
剪刀楼梯	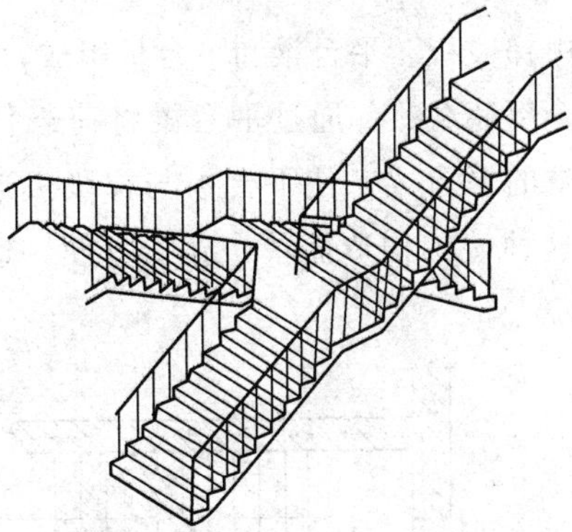
圆弧形楼梯	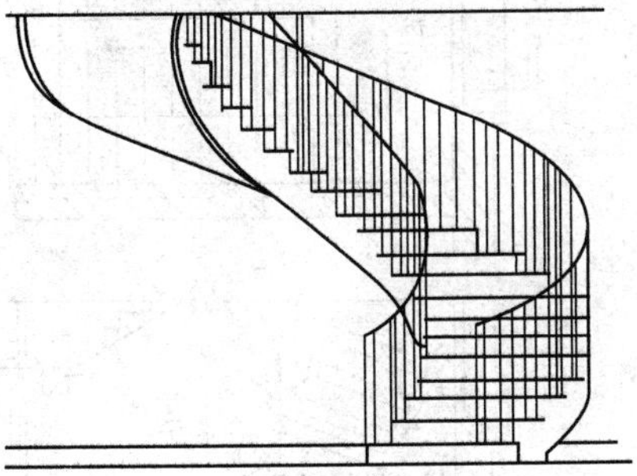
螺旋楼梯	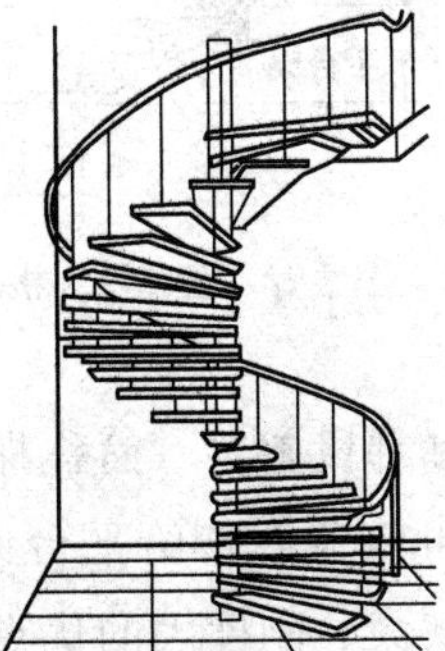

第二节　楼梯的结构型式

一、现浇钢筋混凝土楼梯

现浇钢筋混凝土楼梯的整体性好，刚度大，有利于抗震，但模板耗费大，施工周期长。适用于抗震要求高、楼梯形式和尺寸变化多的建筑物。

现浇钢筋混凝土楼梯按楼段的结构形式分类，分为板式楼梯、梁板式楼梯。

1. 板式楼梯

板式楼梯通常由梯段板、平台梁和平台板组成，如图 3-2 所示。梯段板是带踏步的斜板，承受梯段的全部荷载，并通过平台梁将荷载传给墙体或柱子。必要时，也可取消梯段板一端或两端的平台梁，使平台板与梯段板连为一体，形成折线形的板，直接支承于墙或梁上。这种楼梯构造简单，施工方便，适用于荷载较小、层高较低、梯段跨度小于 3m 的建筑。

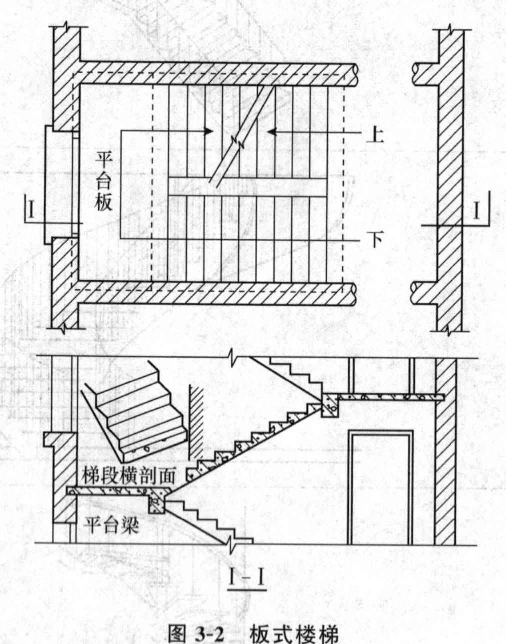

图 3-2　板式楼梯

2. 梁板式楼梯

梁板式楼梯由踏步板和梯段斜梁（简称梯梁）组成，如图 3-3 所示。梯段的荷载由踏步板传递给梯梁，梯梁再将荷载传给平台梁，平台梁将荷载传给墙体或柱子，这种楼梯具有跨度大、承受荷载大、刚度大的优点，但是其施工速度较慢，适合荷载较大、层高较高的建筑物。

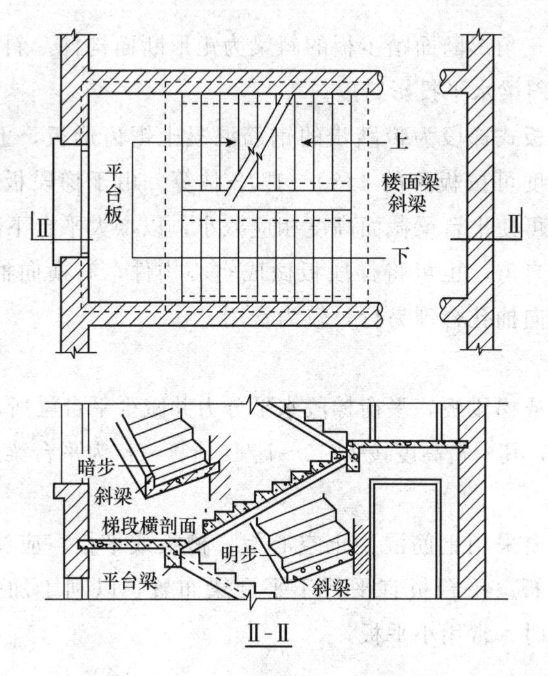

图 3-3　梁板式楼梯

二、预制装配式钢筋混凝土楼梯

1. 梯段

（1）梁板式梯段。

1）踏步板。踏步板的断面形式有一字形、L 形、倒 L 形和三角形，如图 3-4 所示。

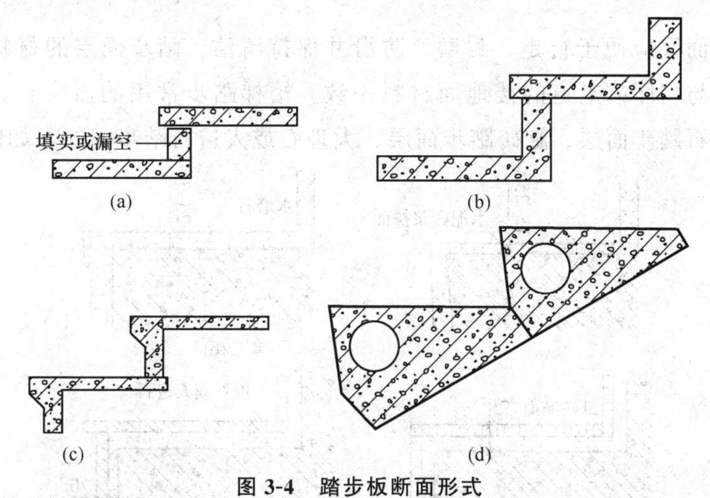

图 3-4　踏步板断面形式

（a）一字形；（b）L 形；（c）倒 L 形；（d）三角形

2）斜梁。斜梁一般为矩形断面。为了减少结构所占空间，也可做成锯齿形断面，但构件制作较复杂。用于搁置一字形、L 形、倒 L 形断面踏步板的梯斜梁为锯齿形变断面构件，用于搁置三角形断面踏步板的斜梁为矩形断面构件。斜梁以按 $L/12$ 估算其断面有效高度，L 为斜梁水平投影跨度。

(2) 板式梯段。板式梯段为带踏步的钢筋混凝土锯齿形板，上下端直接支承在平台梁上，有效断面厚度可按板跨的 1/30～1/12 估算。由于梯段板厚度小，且无斜梁，所以梯段底面平整，可使平台梁截面高度相应减小，以增大平台下净空高度。

为了减轻梯段板自重，也可将梯段板做成空心构件，有横向抽孔和纵向抽孔两种方式。横向抽孔较纵向抽孔合理易行，较为常用。

2. 平台梁

为便于支承斜梁或梯段板，平衡梯段水平分力并减少平台梁所占结构空间，一般将平台梁做成 L 形断面，其构造高度按 $L/12$～$L/10$估算（L 为平台梁跨度）。

3. 平台板

平台板可根据需要采用钢筋混凝土空心板、槽板或平板。应注意在平台上有管道井处，不宜布置空心板。平台板宜平行于平台梁布置，以利于加强楼梯间整体刚度。当垂直于平台梁布置时，常用小平板。

第三节　楼梯的细部构造

一、踏步面层及防滑构造

楼梯踏步面层应便于行走、耐磨、防滑并保持清洁。踏步面层的材料，根据装修要求而定，应与门厅或走道的楼地面材料一致。楼梯踏步常用的面层有：水泥砂浆踏步面层、水磨石踏步面层、缸砖踏步面层、大理石或人造石踏步面层，如图 3-5 所示。

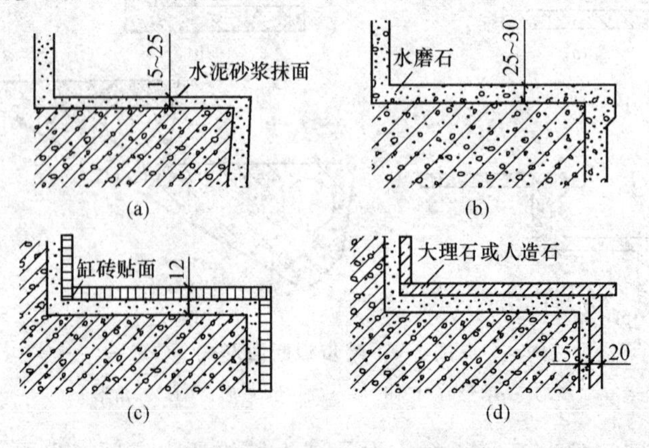

图 3-5　楼梯踏步常用的面层

(a) 水泥砂浆踏步面层；(b) 水磨石踏步面层；(c) 缸砖踏步面层；(d) 大理石或人造石踏步面层

为防止行人使用楼梯时滑倒，踏步表面应有防滑措施，特别是人流量大或踏步表面光滑的楼梯，必须对踏步表面进行处理。防滑处理的方法是在接近踏口处设置防滑条。防滑条的材料主要有金刚砂、陶瓷锦砖、橡胶条和金属条等，也可用带槽的金属材料包住踏口，既防滑，又起保护作用。在踏步两端靠近栏杆（或墙）100～150mm 处不设防滑条。常见的防滑构造有：防滑凹槽、金刚砂防滑条、贴陶瓷锦砖防滑条、嵌橡胶防滑条、缸砖包口、铸铁包口，如图 3-6 所示。

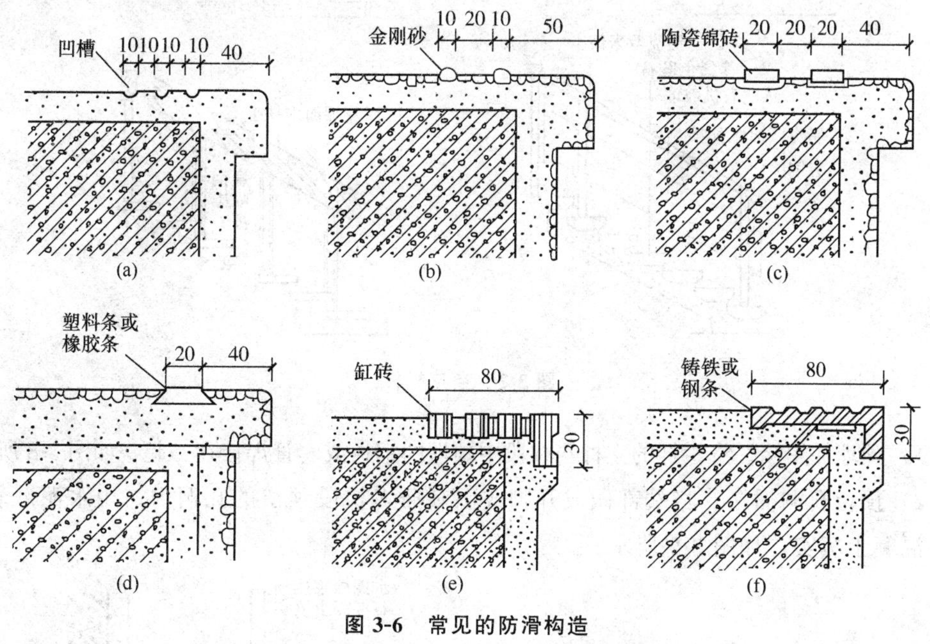

图 3-6 常见的防滑构造

（a）防滑凹槽；（b）金刚砂防滑条；（c）贴陶瓷锦砖防滑条；

（d）嵌橡胶防滑条；（e）缸砖包口；（f）铸铁包口

二、栏杆和扶手的构造

1. 栏杆构造

（1）空花栏杆。空花栏杆一般采用圆钢、方钢、扁钢和钢管等金属材料做成。常用断面尺寸为：圆钢 $\phi6$～$\phi25$，方钢 15～25mm，扁钢（30～50）mm×（3～6）mm，钢管 $\phi20$～$\phi50$。

在儿童活动的场所（如幼儿园、游乐场所、住宅等建筑），为防止儿童穿过栏杆空隙发生危险事故，栏杆垂直杆件间的净距不应大于 110mm，且不应采用易于攀登的花饰。空花栏杆的形式如图 3-7 所示。

栏杆与梯段应有可靠的连接方法，其连接方法有：预埋件焊接、预留孔洞插接和螺栓连接。

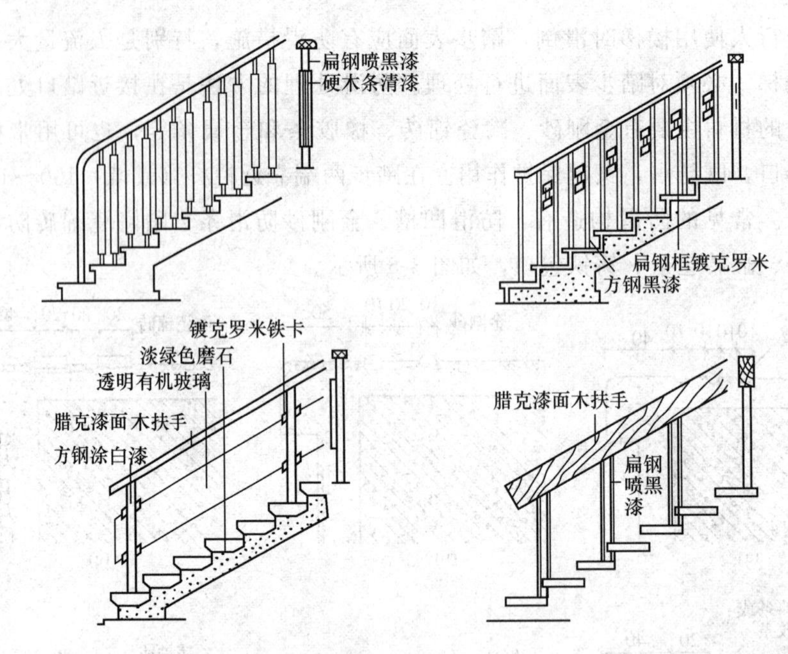

图 3-7 空花栏杆

1）预埋件焊接。将栏杆的立杆与梯段中预埋的钢板或套管焊接在一起，如图 3-8 所示。

2）预留孔洞插接。将端部做成开脚或倒刺插入梯段预留的孔洞内，用水泥砂浆或细石混凝土填实，如图 3-9 所示。

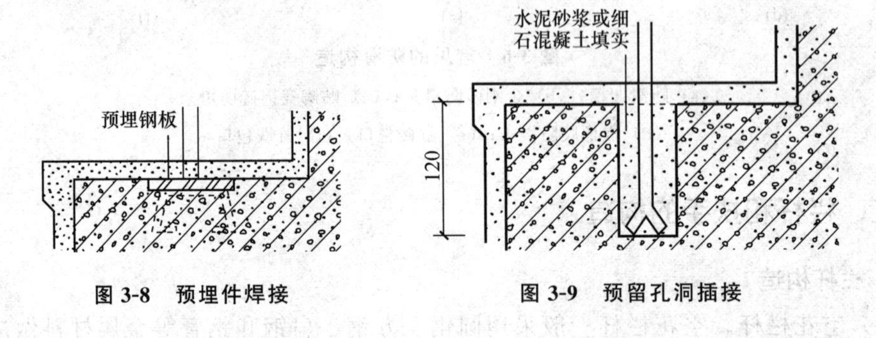

图 3-8 预埋件焊接　　图 3-9 预留孔洞插接

3）螺栓连接。用螺栓将栏杆固定在梯段上，固定方式有多种，如用板底螺母栓紧贯穿踏板的栏杆等，如图 3-10 所示。

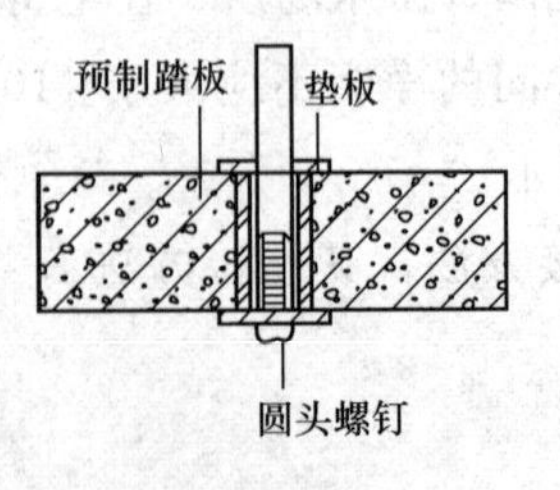

图 3-10 螺栓连接

(2) 栏板。

1）钢丝网水泥栏板是在钢筋骨架的侧面铺钢丝网、抹水泥砂浆而成，如图 3-11（a）所示。

2）砖砌栏板是用砖侧砌成 1/4 砖厚，为增加其整体稳定性，宜在栏板中加设钢筋网，并用现浇的钢筋混凝土扶手连成整体，如图 3-11（b)所示。

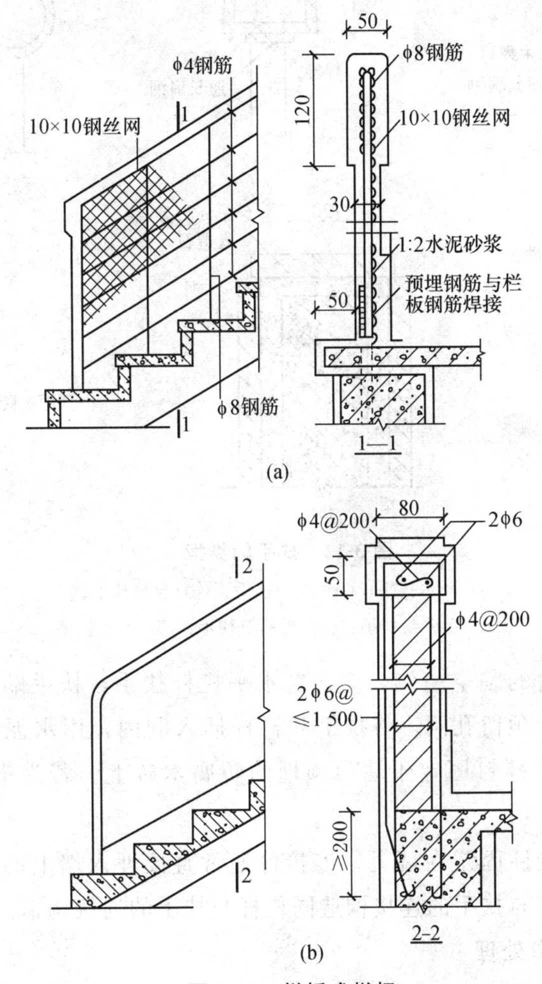

图 3-11　栏板式栏杆

（a）钢丝网水泥栏板；（b）砖砌栏板（60mm 厚）

(3) 组合式栏杆。组合式栏杆是将空花栏杆与栏板组合而成的一种栏杆形式。其中空花栏杆多用金属材料制作，栏板可用钢筋混凝土板、砖砌栏板、有机玻璃等材料制成。

2. 扶手构造

扶手位于栏杆顶部。扶手的类型有：硬木扶手、塑料扶手、金属扶手、水泥砂浆扶手、天然石扶手和木板扶手，如图 3-12 所示。

扶手与栏杆必须有可靠的连接，其方法应依据扶手和栏杆的材料而定。硬木扶手与金属栏杆的连接，是在金属栏杆的顶端焊接一根扁钢，用木螺钉将扁钢与扶手连接在一起，塑料扶手与金属栏杆的连接方法和硬木扶手类似。金属扶手与金属栏杆多用焊接连接。

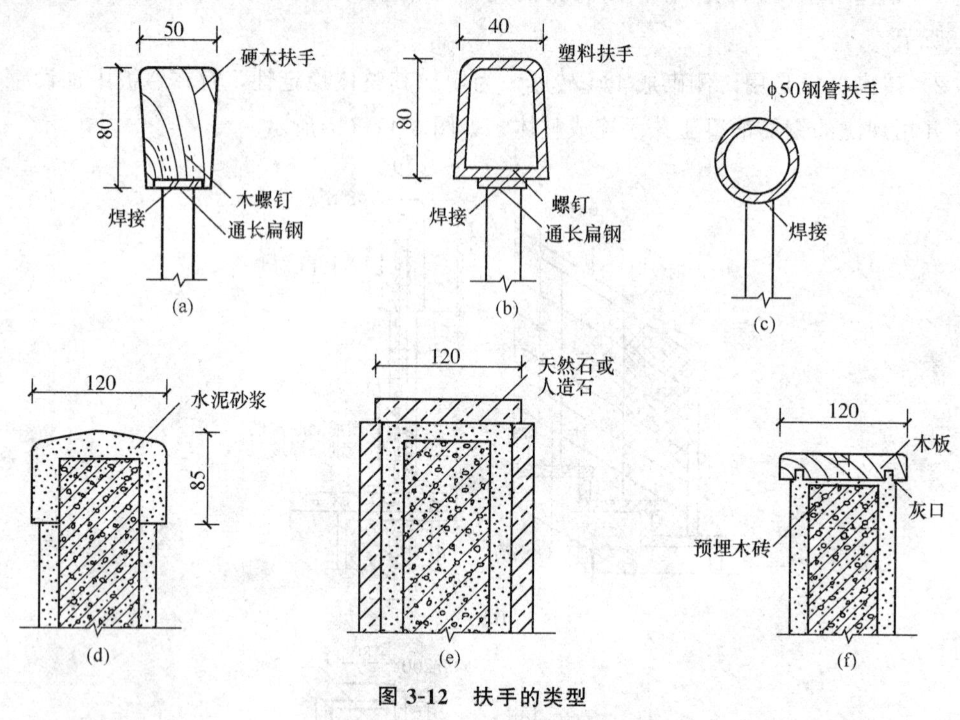

图 3-12 扶手的类型

（a）硬木扶手；（b）塑料扶手；（c）金属扶手；

（d）水泥砂浆扶手；（e）天然石扶手；（f）木板扶手

楼梯顶层楼层平台的临空一侧，应设置水平栏杆扶手，扶手端部与墙应固定在一起，其方法为：在墙上预留孔洞，将扶手和栏杆插入洞内，用水泥砂浆或细石混凝土填实。也可将扁钢用木螺钉固定于墙内预埋的防腐木砖上。若为钢筋混凝土墙或柱，则可采用预埋件焊接。

靠墙扶手通过连接件固定在墙上，连接件通常直接埋入墙上的预留孔内，也可用预埋螺栓连接。连接件与扶手的连接构造同栏杆与扶手的连接构造。

3. 栏杆扶手的转弯处理

当上下行楼梯段的踏口相平齐时，在平行楼梯的平台转弯处为保持上下行梯段的扶手高度一致，常用的处理方法是将平台处的栏杆设置到平台边缘以内半个踏步宽的位置上，如图 3-13 所示，这一位置上下行梯段的扶手顶面标高相同。其优点是扶手连接简单，省工省料；缺点是使平台的通行宽度减小，给人流的通行和家具设备搬运带来不便。

如果不希望改变平台的通行宽度，则应将平台处的栏杆紧靠平台边缘设置。应在此位置上下行梯段的扶手顶面标高不同，形成高差。处理高差的方法有几种，如采用鹤颈扶手如图 3-13（a）所示；另一种方法是将上下行梯段踏步错开一步，如图 3-13（c）所示，扶手的连接比较简单、方便，但增加了楼梯的长度。

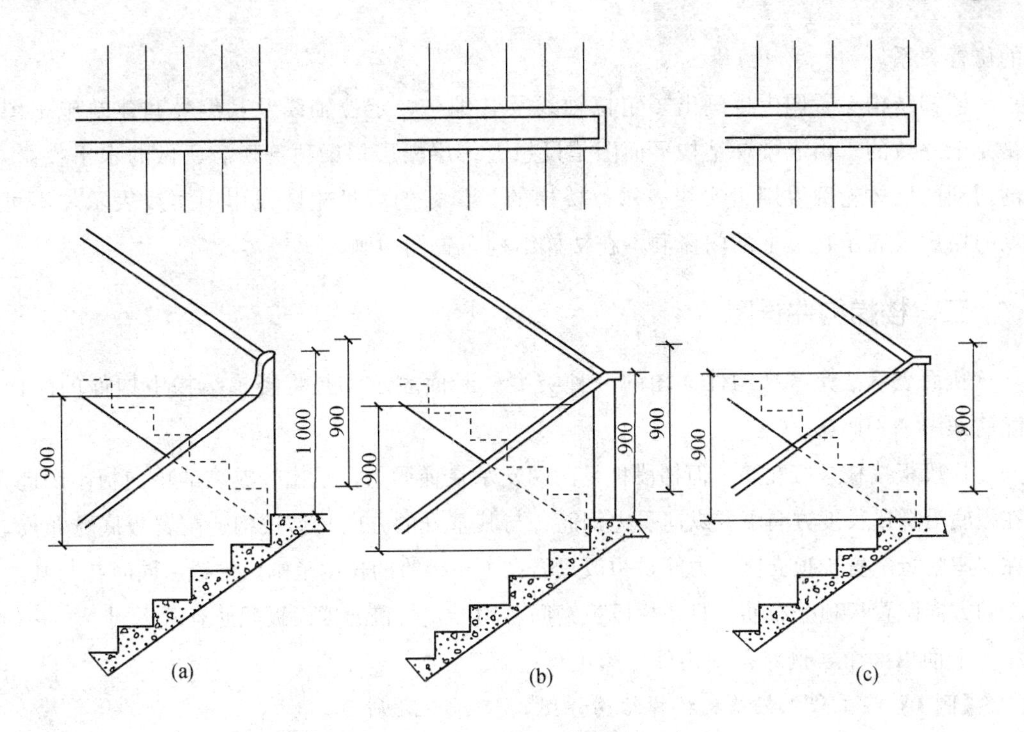

图 3-13　转折处扶手高差处理

（a）鹤颈扶手；（b）栏杆扶手伸出踏步半步；（c）上下梯段错开一步

第四节　构件施工图

现浇钢筋混凝土楼梯的施工图一般由楼梯结构布置平面图和构件详图组成。楼梯结构布置平面图需要表示楼梯的形式、梯梁、梯段板、平台板的平面布置。构件详图则主要表示梯梁、梯段板、平台板等楼梯间主要构件的断面形式、尺寸、配筋情况。构件详图的制图方法有两种：断面表示法和列表表示法。其中，由于列表表示法可以减少制图工作量，同时也不影响图纸内容的表示，在近几年开始得到越来越广泛的应用。

一、楼梯结构布置平面图

楼梯结构布置平面图又可称为楼梯结构布置图，是假想用一水平剖切平面在一层的楼梯梁顶面处剖切楼梯，向下做水平投影绘制而成的，楼梯间结构布置图需要用较大比例绘制。如果每层的楼梯结构布置不同，则需画出所有楼层的楼梯结构布置图，反之，楼梯结构布置相同的楼层用一个结构布置图表示即可。但是，底层和顶层楼梯必须要画结构布置图。

楼梯结构布置图主要表示梯段板、梯梁的布置、代号、编号、标高及与其他构件

的位置关系。

楼梯结构布置图中也画出了定位轴线及其编号，定位轴线及其编号和建筑施工图是完全一致的。由于楼梯结构平面图是设想上一层楼层梯梁顶剖切后所做的水平投影，剖切到的墙体轮廓线用粗实线表示；楼梯的梁、板的可见轮廓线用中实线表示，不可见的用虚线表示；墙上的门窗洞不在楼梯结构布置图中画出。

二、楼梯构件详图

断面表示法是楼梯构件详图的一种类型。断面表示法是将楼梯结构中构件的断面配筋详图一一画出。

梯段板按板进行配筋，但梯段板是两端支承在梯梁上，是比较典型的单向板。因此，在板底沿梯段长度方向配置纵向受力钢筋，与其垂直的方向只需按构造配置板底分布筋，在支座附近配置板顶支座受力筋，一般只需在1/4板跨的长度范围内配置，同时在与其垂直的方向配置板顶分布筋，只是梯段板钢筋弯钩形式与普通楼面板配筋有所不同。

下面以2个实例对楼梯构件详图进行讲解。

【例1】某工程框架结构楼梯结构详图，如图3-14所示。

对该工程框架结构楼梯结构详图的识读如下：

图3-14为框架结构楼梯结构详图。从图3-14中可以看出，该楼梯为两跑楼梯，而且一～二层的楼梯和二～三层的楼梯相同，第一个梯段都是TB1，第二个梯段都是TB2。TB2都是一端支撑在框架梁上，一端支撑在楼梯梁TL1上。两个楼梯段与框架梁相连处都有一小段水平板，因此可以得出这两个楼梯板都是折板楼梯。TL1的两端

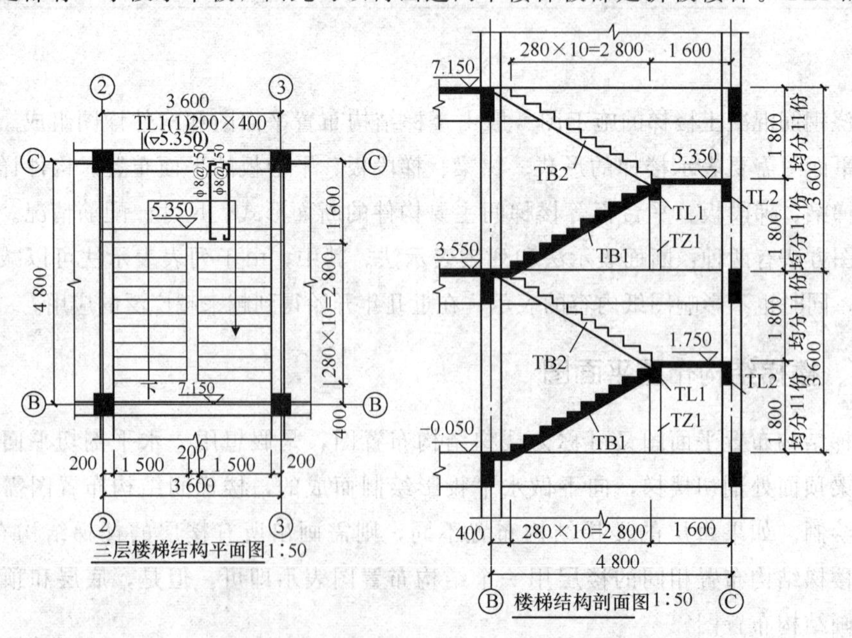

图3-14　某工程框架结构楼梯结构详图

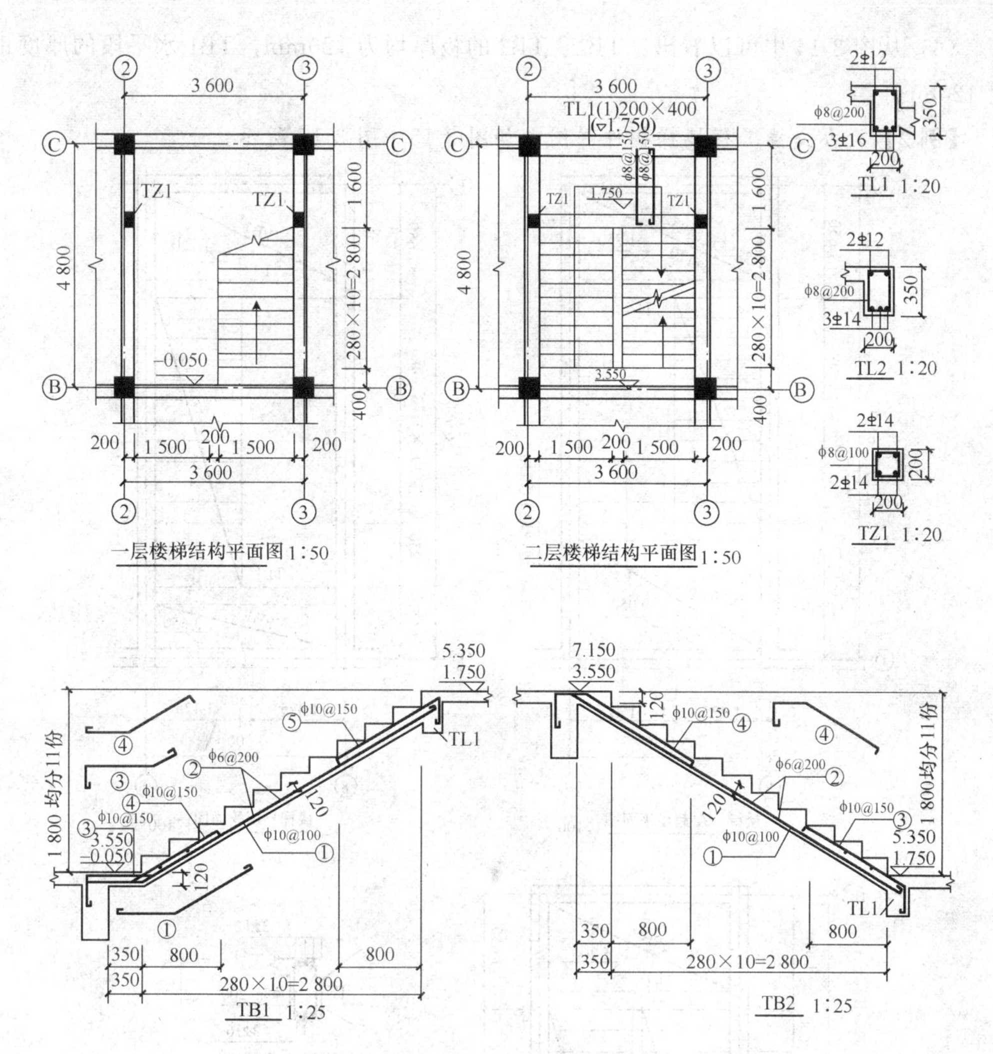

图 3-14　某工程框架结构楼梯结构详图（续）

支撑在楼梯柱 TZ1 上，TZ1 支撑在基础拉梁（一层）或框架梁（二层）上。楼梯休息平台梯端支撑在 TL1 上一端支撑在 TL2 上。TL2 的两端支撑在框架柱上。在框架结构中填充墙是不受力的，所以楼梯梁不能支撑在填充墙上。

楼梯板的配筋可从 TB1 和 TB2 的配筋详图中得知：

（1）TB1、TB2 的板底受力钢筋为①号钢筋ϕ10@100。

（2）TB1 的左支座负筋为③号钢筋ϕ10@150 和④号钢筋ϕ10@150，因为该楼梯左支座处为折板楼梯，支座负筋需要两根钢筋进行搭接；TB2 的左支座负筋为③号钢筋ϕ10@150。

（3）TB1 的右支座负筋为⑤号钢筋ϕ10@150；TB2 的右支座负筋为④号钢筋ϕ10@150。

（4）TB1、TB2 的板底分布钢筋为②号钢筋ϕ6@200。

（5）此外，为表示①、③、④号钢筋的具体形状，图 3-14 中还画出了①、③、④号钢筋的钢筋详图。

（6）从图 3-14 中可以看出：TB1、TB2 的板厚均为 120mm，TB1 水平段的厚度也是 120mm。

【**例 2**】某办公楼工程楼梯构件详图，如图 3-15～图 3-17 所示。

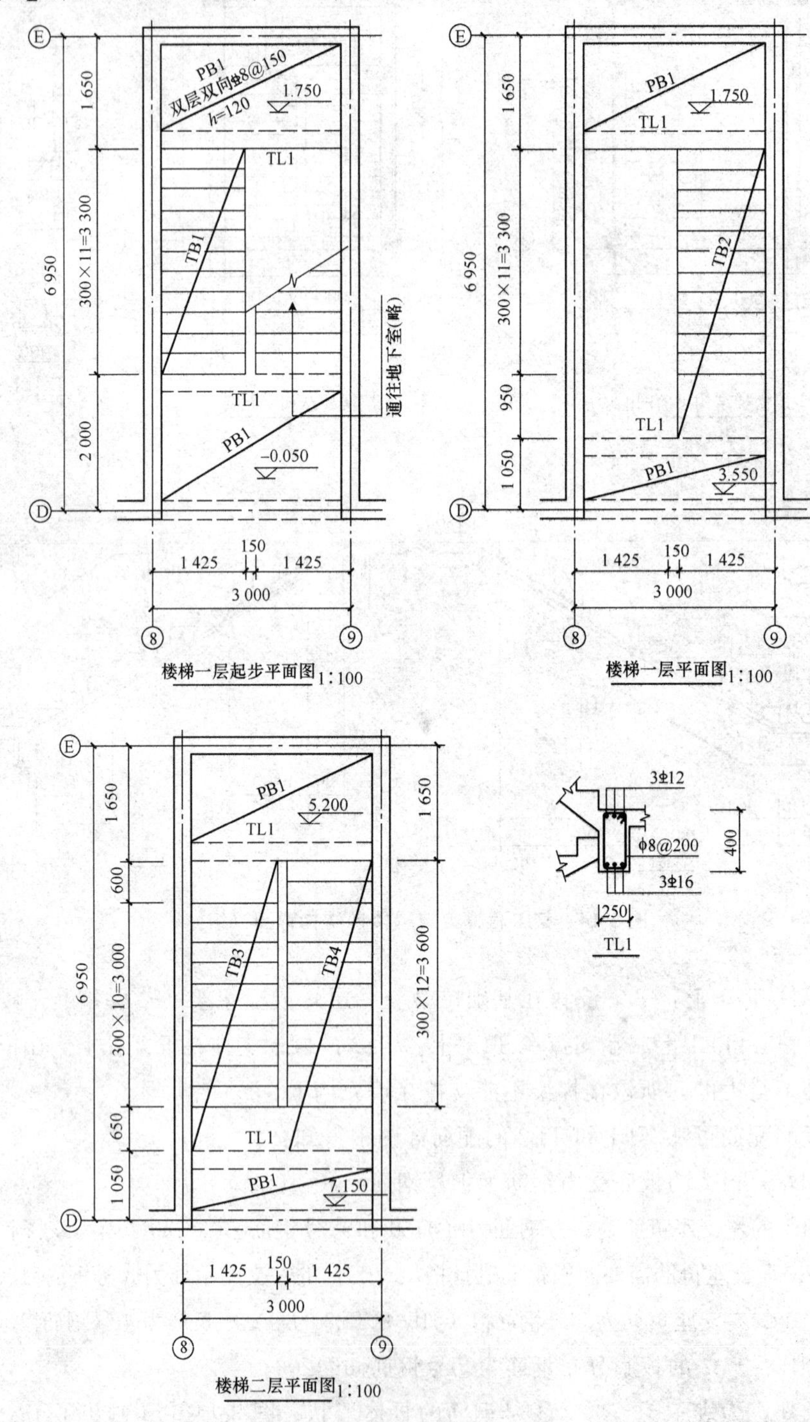

图 3-15 楼梯构件详图（一）

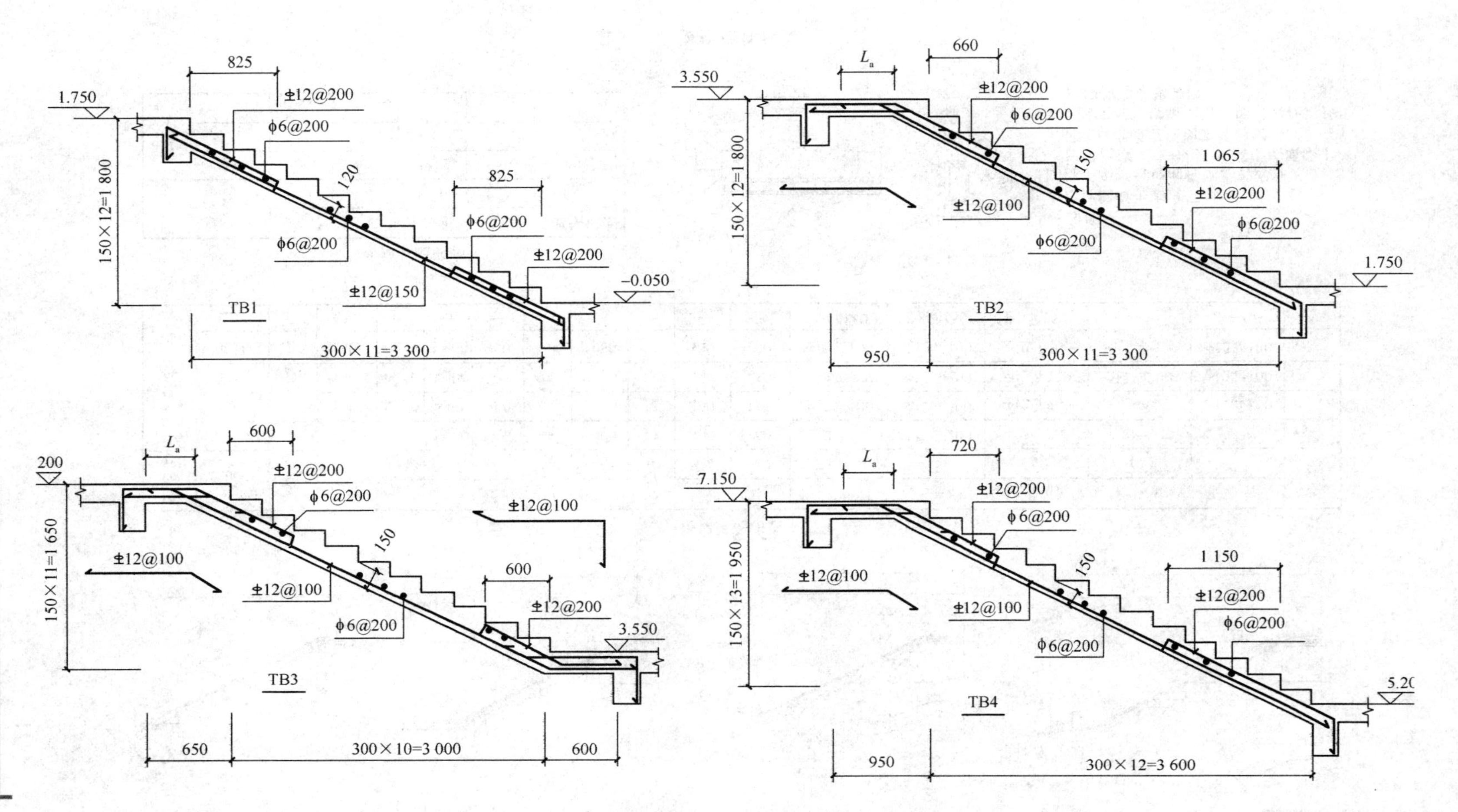

图 3-16　楼梯构件详图（二）

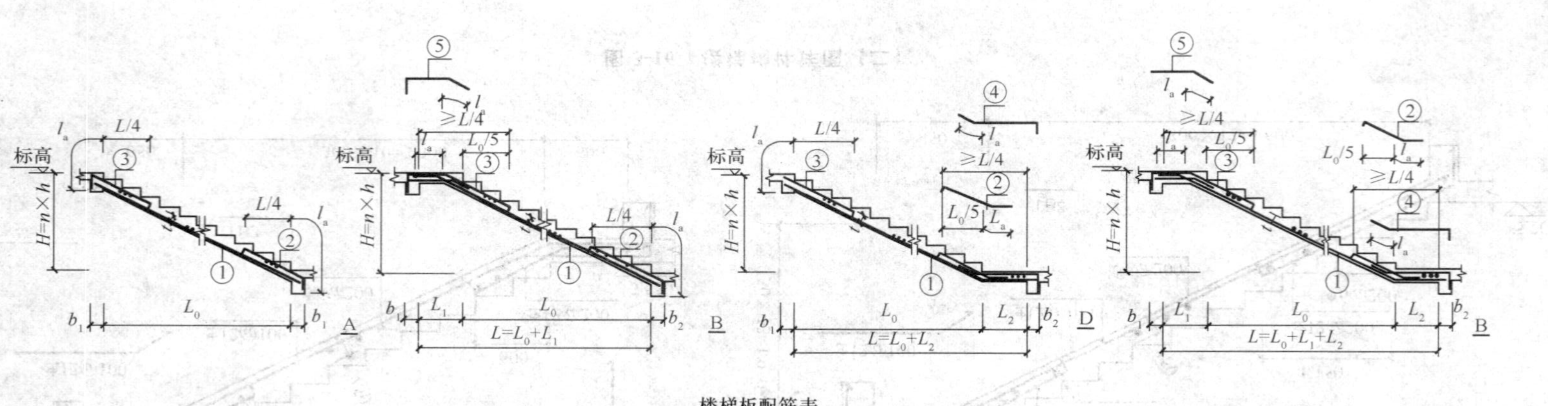

楼梯板配筋表

楼梯号	编号	类型	板厚 t	尺寸 L	尺寸 L_0	尺寸 L_1	尺寸 L_2	尺寸 H	级数 n	踏步尺寸 宽b	踏步尺寸 高h	梯板配筋 ①	梯板配筋 ②	梯板配筋 ③	梯板配筋 ④	梯板配筋 ⑤	备注
楼梯A	TB1	A	120	3 300	2 600	—	—	1 800	12	300	150	Φ12@150	Φ12@200	Φ12@200	—	—	
	TB2	B	150	4 250	3 300	950	—	1 800	12	300	150	Φ12@100	Φ12@200	Φ12@200	—	Φ12@100	
	TB3	D	150	4 250	3 000	650	600	1 650	11	300	150	Φ12@100	Φ12@200	Φ12@200	Φ12@200	Φ12@100	
	TB4	B	150	4 250	3 300	950	—	1 950	13	300	150	Φ12@100	Φ12@100	Φ12@200	—	Φ12@100	
	PB1	E	120	—	—	—	—	—	—	—	—	Φ8@150	Φ8@150	Φ8@150	—	—	

楼梯梁配筋表

楼梯号	梁号	尺寸 b	尺寸 h	梁底筋 ①	梁顶筋 ②	梁箍筋 ③
楼梯A	TL1	250	400	3Φ12	3Φ16	φ8@200

说明：

1. 楼梯混凝土强度等级：C25。
2. 位于半平台处的梯梁，若端部无支承，应设混凝土立柱(另详)落于楼面梁上。
3. 钢筋长度尚应现场放样确定。
4. 本图需配合建施使用，梯级大样、扶手、预埋件详见建施图。

图 3-17　楼梯构件详图（三）

对该办公楼工程楼梯构件详图识读如下：

图 3-15～图 3-17 是某办公楼工程楼梯分别采用断面表示和列表表示两种方法绘制的施工图，包括三种梯段板和一种平台板。从图 3-15～图 3-17 中可以了解下列内容：

（1）从图 3-17 可以看出，该办公楼工程为板式楼梯，由梯段板、梯梁和平台板组成，楼梯混凝土强度等级为 C25。

（2）梯梁。从图 3-15～图 3-17 中可以得知：梯梁的上表面为建筑标高减去 50mm，断面形式均为矩形断面。楼梯梁 TL1 的矩形断面为 250mm×400mm（$b \times h$），下部纵向受力钢筋为 3⌀16，伸入墙内长度不小于 $15d$；上部纵向受力钢筋为 3⌀12，伸入墙内应满足锚固长度 l_a 的要求；梁箍筋ϕ8@200。

（3）平台板。从图 3-15～图 3-17 中可以得知：平台板上表面为建筑标高减去 50mm，与梯梁同标高，两端支承在剪力墙和梯梁上。由图 3-16 可知，该工程平台板 PB1 的厚度为 120mm，配筋双层双向⌀8@150，下部钢筋伸入墙内长度不小于 $5d$；上部钢筋伸入墙内应满足锚固长度的要求。

（4）楼梯板。楼梯板两端支承在梯梁上，从图 3-15 和图 3-16 得知，根据型式、跨度和高差的不同，楼梯板 TB1～TB4 分成 3 种。

1）类型 A。下部受力筋①通长，伸入梯梁内的长度不小于 $5d$；下部分布筋为ϕ6@200；上部筋②、③伸出梯梁的水平投影长度为 0.25 倍净跨，末端做 90°直钩顶在模板上，另一端进入梯梁内不小于锚固长度 l_a，并沿梁侧边弯下。

2）类型 B。板倾斜段下部受力筋①通长，至板水平段板顶弯成水平，从板底弯折处起算，钢筋水平投影长度为锚固长度 l_a；下部分布筋为ϕ6@200；上部筋②伸出梯梁的水平投影长度为 0.25 倍净跨，末端做 90°直钩顶在模板上，另一端进入梯梁内不小于锚固长度 l_a，并沿梁侧边弯下；上部筋③中部弯曲，既是倾斜段也是水平段的上部钢筋，其倾斜部分长度为斜梯板净跨（L_0）的 0.2 倍，且总长的水平投影长度不小于 0.25 倍总净跨（L），末端做 90°直钩顶在模板上，另一端进入梯梁内不小于锚固长度 l_a，并沿梁侧边弯下。

3）类型 D。下部受力筋①通长，在两水平段转折处弯折，分别伸入梯梁内，长度不小于 $5d$；板上水平段上部受力筋③至倾斜段上部板顶弯折，既是倾斜段也是上水平段的上部钢筋，其倾斜部分长度为斜梯板净跨（L_0）的 0.2 倍，且总长的水平投影长度不小于 0.25 倍总净跨（L），末端做 90°直钩顶在模板上，另一端进入梯梁内不小于锚固长度 l_a，并沿梁侧边弯下；板上水平段下部筋⑤在靠近斜板处弯折成斜板上部筋，延伸至满足锚固长度后截断；下部分布筋为ϕ6@200；板下水平段下部筋②至倾斜段上部板顶弯折，既是倾斜段也是下水平段的上部钢筋，其倾斜部分长度为斜梯板净跨（L_0）的 0.2 倍，且总长水平投影长度不小于 0.25 倍总净跨（L），末端做 90°直钩顶在模板上，另一端进入下水平段板底弯折，延伸至满足锚固长度后截断；板下水平段上部筋①至斜板底面处弯折，另一端进入梯梁内不小于锚固长度 l_a，并沿梁侧边弯下。需要强调的是，所有弯曲钢筋的弯折位置必须计算，以确保正确。

第四章 现浇混凝土板式楼梯平法施工图制图及识图

第一节　现浇混凝土板式楼梯平法施工图制图规则

一、现浇混凝土板式楼梯平法施工图的表示方法

(1) 现浇混凝土板式楼梯平法施工图的表达方式包括：平面注写、剖面注写和列表注写。

(2) 楼梯平面布置图在绘制时，一般应按照楼梯标准层，采用适当比例集中绘制，必要时还需绘制其剖面图。

(3) 为方便施工，在集中绘制的板式楼梯平法施工图中，宜注明各结构层的楼面标高、结构层高及相应的结构层号。

二、楼梯类型

1. 楼梯类型

楼梯的类型，见表 4-1。

2. 楼梯注写

楼梯编号由梯板代号和序号组成，如 AT××、BT××、ATa××等。

表 4-1　楼梯类型

梯板代号	适用范围		是否参与结构整体抗震计算
	抗震构造措施	适用结构	
AT	无	框架、剪力墙、砌体结构	不参与
BT			

（续表）

梯板代号	适用范围		是否参与结构整体抗震计算
	抗震构造措施	适用结构	
CT	无	框架、剪力墙、砌体结构	不参与
DT			
ET	无	框架、剪力墙、砌体结构	不参与
FT			
GT	无	框架结构	不参与
HT		框架、剪力墙、砌体结构	
ATa	有	框架结构	不参与
ATb			不参与
ATc			参与

注：1. ATa 低端设滑动支座支承在梯梁上；ATb 低端设滑动支座支承在梯梁的挑板上。

2. ATa、ATb、ATc 均用于抗震设计，设计者应指定楼梯的抗震等级。

3. 楼梯特征

（1）AT～ET 型板式楼梯

1）楼梯代号代表一段带上下支座的梯板。

2）梯板的主体为踏步段，除踏步段之外，梯板可包括低端平板、高端平板以及中位平板。

3）梯板的截面形状如下所示：

①AT 型梯板全部由踏步段构成；

②BT 型梯板由低端平板和踏步段构成；

③CT 型梯板由踏步段和高端平板构成；

④DT 型梯板由低端平板、踏步板和高端平板构成；

⑤ET 型梯板由低端踏步段、中位平板和高端踏步段构成。

4）梯板的两端分别以（低端和高端）梯梁为支座，采用该组板式楼梯的楼梯间内部既要设置楼层梯梁，也要设置层间梯梁（其中 ET 型梯板两端均为楼层梯梁），以及与其相连的楼层平台板和层间平台板。

5）梯板的型号、板厚、上下部纵向钢筋及分布钢筋等内容由设计者在平法施工图中注明。

6）梯板上部纵向钢筋向跨内伸出的水平投影长度见相应的标准构造详图，设计不注，但设计者应予以校核。

7）当标准构造详图规定的水平投影长度不满足具体工程要求时，应由设计者另行注明。

（2）FT～HT型板式楼梯

1）楼梯代号代表两跑踏步段和连接它们的楼层平板及层间平板。

2）梯板的构成如下所示。

①FT型和GT型，由层间平板、踏步段和楼层平板构成。

②HT型，由层间平板和踏步段构成。

3）梯板的支承方式如下所示。

①FT型：梯板一端的层间平板采用三边支承，另一端的楼层平板也采用三边支承。

②GT型：梯板一端的层间平板采用单边支承，另一端的楼层平板采用三边支承。

③HT型：梯板一端的层间平板采用三边支承，另一端的梯板段采用单边支承（在梯梁上）。

4）梯板的型号、板厚、上下部纵向钢筋及分布钢筋等内容由设计者在平法施工图中注明。

5）平台上部横向钢筋及其外伸长度，在平面图中原位标注。

6）梯板上部纵向钢筋向跨内伸出的水平投影长度见相应的标准构造详图，设计不注，但设计者应予以校核。

7）当标准构造详图规定的水平投影长度不满足具体工程要求时，应由设计者另行注明。

（3）ATa、ATb型板式楼梯

1）该型楼梯为带滑动支座的板式楼梯，梯板全部由踏步段构成，其支承方式为梯板高端均支承在梯梁上，ATa型梯板低端带滑动支座支承在梯梁上，ATb型梯板低端带滑动支座支承在梯梁的挑板上。

2）滑动支座采用何种做法应由设计指定。滑动支座垫板可选用聚四氟乙烯板（四氟板），也可选用其他能起到有效滑动的材料，其连接方式由设计者另行处理。

3）ATa、ATb型梯板采用双层双向配筋。梯梁支承在梯柱上时，其构造做法按《混凝土结构施工图平面整体表示方法制图规则和构造详图（现浇混凝土框架、剪力墙、梁、板）》11G101-1图集中框架梁KL；支承在梁上时，其构造做法按《混凝土结构施工图平面整体表示方法制图规则和构造详图（现浇混凝土框架、剪力墙、梁、板）》11G101-1图集中非框架梁L。

（4）ATc型板式楼梯

1）梯板全部由踏步段构成，其支承方式为梯板两端均支承在梯梁上。

2）楼梯休息平台与主体结构可整体连接，也可脱开连接。

3）楼梯梯板厚度应按计算确定，且不宜小于140mm；梯板采用双层配筋。

4）梯板两侧设置边缘构件（暗梁），边缘构件的宽度取1.5倍板厚；边缘构件纵筋数量，当抗震等级为一、二级时不少于6根，当抗震等级为三、四级时不少于4根；纵筋直径为φ12且不小于梯板纵向受力钢筋的直径；箍筋为φ6@200。

5）梯梁按双向受弯构件计算，当支承在梯柱上时，其构造做法按《混凝土结构施工图平面整体表示方法制图规则和构造详图（现浇混凝土框架、剪力墙、梁、板）》11G101－1图集中框架梁KL；当支承在梁上时，其构造做法按《混凝土结构施工图平面整体表示方法制图规则和构造详图（现浇混凝土框架、剪力墙、梁、板）》11G101－1图集中非框架梁L。

平台板按双层双向配筋。

4. 注意事项

建筑专业地面、楼层平台板和层间平台板的建筑面层厚度经常与楼梯踏步面层厚度不同，为使建筑面层做好后的楼梯踏步等高，各型号楼梯踏步板的第一级踏步高度和最后一级踏步高度需要相应增加或减少，见楼梯剖面图，若没有楼梯剖面图，其取值方法详见《混凝土结构施工图平面整体表示方法制图规则和构造详图（现浇混凝土板式楼梯）》11G101－2第45页所示方法。

三、楼梯施工图平面注写方式

（1）平面注写方式包括集中标注和外围标注。标注是在楼梯平面布置图上注写截面尺寸和配筋具体数值来表达楼梯施工图的方式。

（2）楼梯集中标注的内容有五项，具体规定如下。

1）梯板类型代号与序号，如AT××。

2）梯板厚度，注写为h=×××。当为带平板的梯板且梯段板厚度和平板厚度不同时，可在梯段板厚度后面括号内以字母P打头注写平板厚度。

【例1】某梯板厚度h=110（P130），110表示梯段板厚度，130表示梯板平板段的厚度。

3）踏步段总高度和踏步级数，之间以“/”分隔。

4）梯板支座上部纵筋和下部纵筋，之间以“;”分隔。

5）梯板分布筋，以F打头注写分布钢筋具体值，该项也可在图中统一说明。

【例2】某平面图中梯板类型及配筋的完整标注示例如下（AT型）。

BT2，h=130　梯板类型及编号，梯板板厚

2000/13　踏步段总高度/踏步级数

ф8@200；ф10@150　上部纵筋；下部纵筋

Fφ6@250　梯板分布筋（可统一说明）

（3）楼梯外围标注的内容，包括楼梯间的平面尺寸、楼层结构标高、层间结构标高、楼梯的上下方向、梯板的平面几何尺寸、平台板配筋、梯梁及梯柱配筋等。

四、楼梯施工图剖面注写方式

(1) 剖面注写方式分平面注写、剖面注写两部分。需在楼梯平法施工图中绘制楼梯平面布置图和楼梯剖面图。

(2) 楼梯平面布置图注写内容，包括楼梯间的平面尺寸、楼层结构标高、层间结构标高、楼梯的上下方向、梯板的平面几何尺寸、梯板类型及编号、平台板配筋、梯梁及梯柱配筋等。

(3) 楼梯剖面图注写内容，包括梯板集中标注、梯梁梯柱编号、梯板水平及竖向尺寸、楼层结构标高、层间结构标高等。

(4) 梯板集中标注的内容有四项，具体规定如下。

1) 梯板类型及编号，如 AT××。

2) 梯板厚度，注写为 h=×××。当梯板由踏步段和平板构成，且踏步段梯板厚度和平板厚度不同时，可在梯板厚度后面括号内以字母 P 打头注写平板厚度。

3) 梯板配筋。注明梯板上部纵筋和梯板下部纵筋，用“;”将上部与下部纵筋的配筋值分隔开来。

4) 梯板分布筋，以 F 打头注写分布钢筋具体值，该项也可在图中统一说明。

【例】 某剖面图中梯板配筋的完整标注示例如下：

FT3，h=130　梯板类型及编号，梯板板厚

⏀8@200；⏀10@150　上部纵筋；下部纵筋

F ϕ6@250　梯板分布筋（可统一说明）

五、楼梯施工图列表注写方式

列表注写方式，是用列表方式注写梯板截面尺寸和配筋具体数值来表达楼梯施工图的方式。其具体要求同剖面注写方式，仅将剖面注写方式中的梯板配筋注写项改为列表注写项即可。梯板几何尺寸和配筋的格式，见表 4-2。

表 4-2　梯板几何尺寸和配筋

梯板编号	踏步段总高度/踏步级数	板厚 h	上部纵向钢筋	下部纵向钢筋	分布筋

六、各类型楼梯截面形状与支座位置

各类型楼梯截面形状与支座位置，见表 4-3。

表 4-3　各类型楼梯截面形状与支座位置

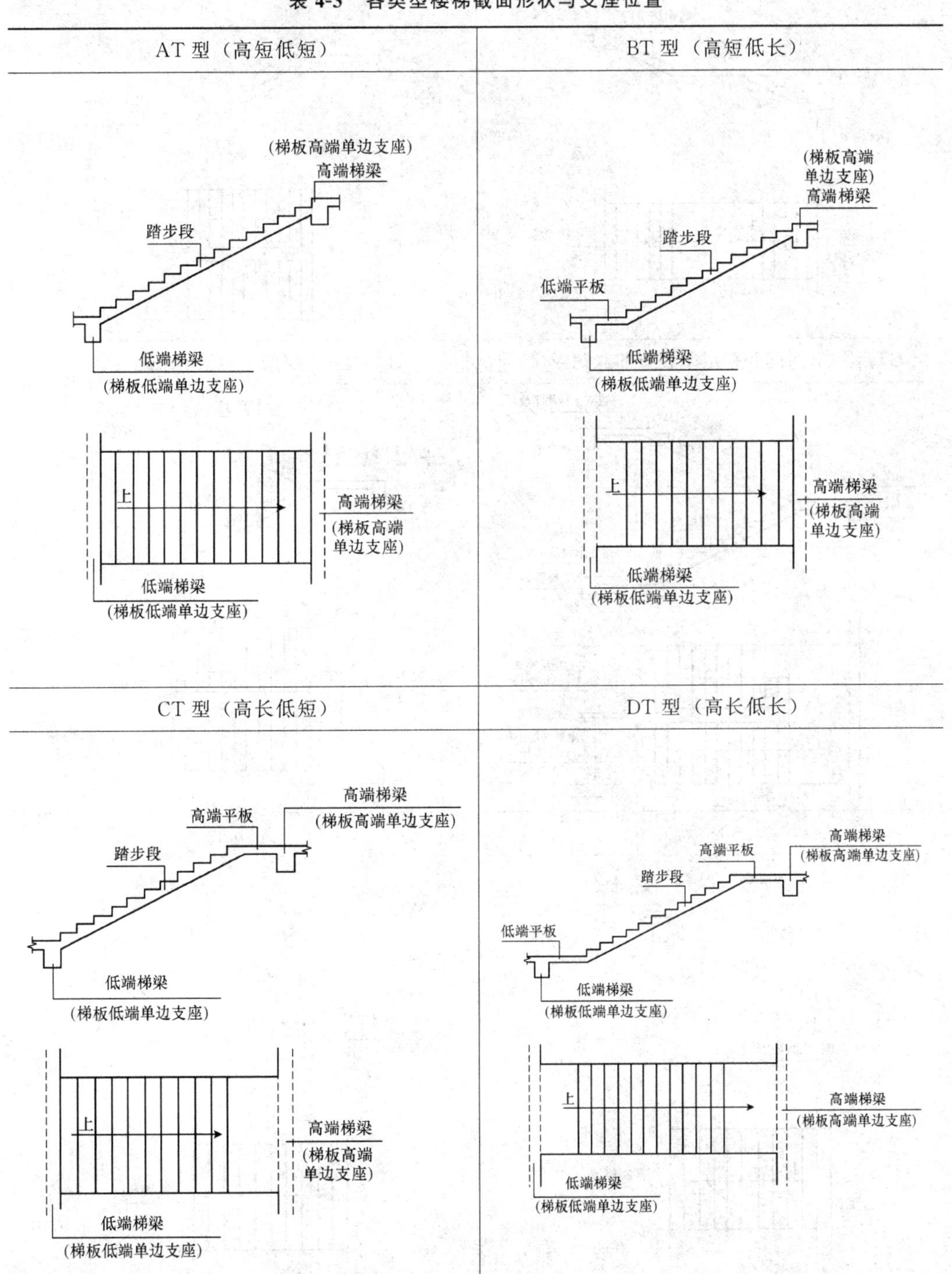

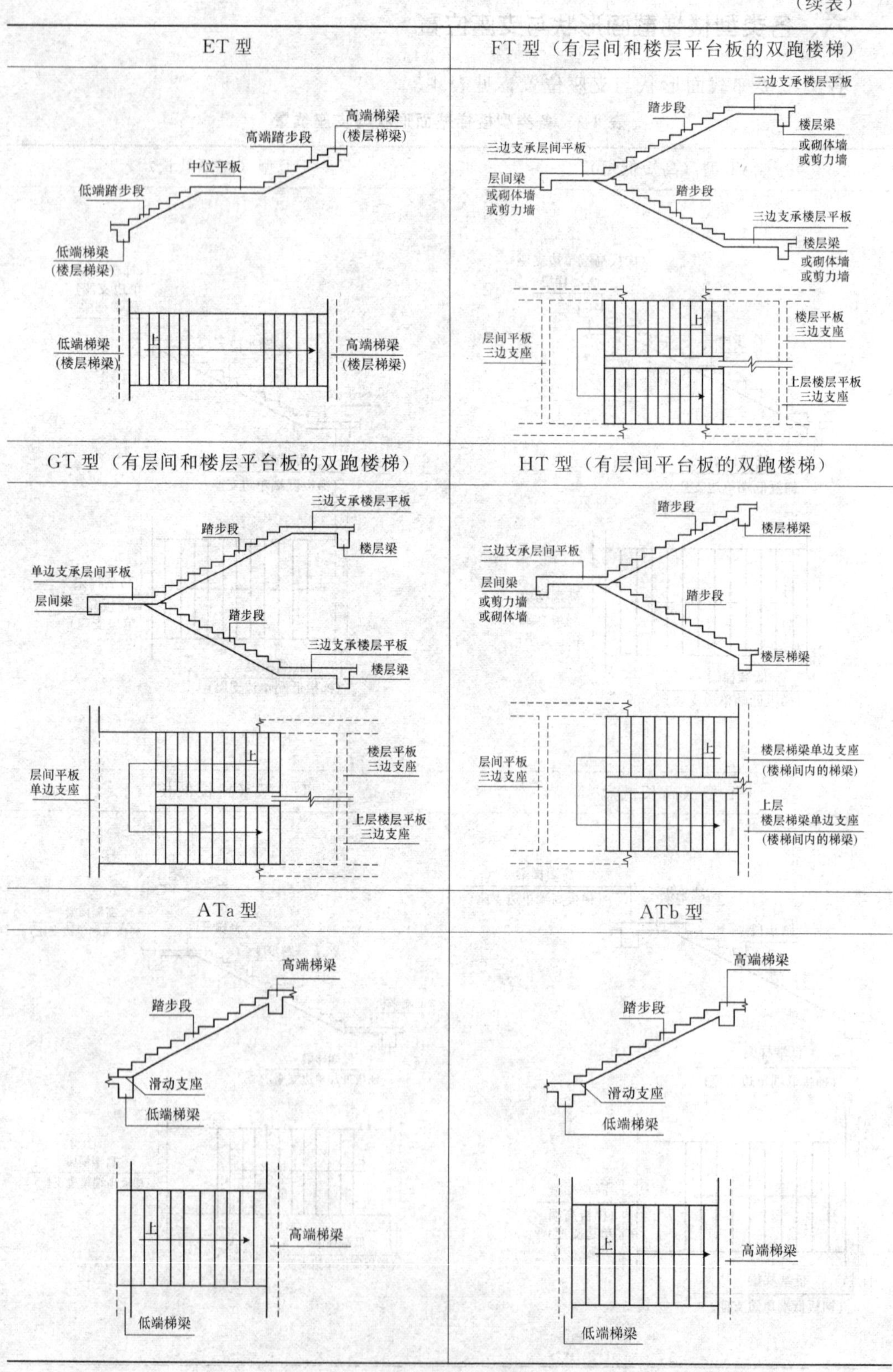
(续表)
ET 型
高端梯梁
(楼层梯梁)
高端踏步段
中位平板
低端踏步段
低端梯梁
(楼层梯梁)
上
低端梯梁
(楼层梯梁)
高端梯梁
(楼层梯梁)
FT 型（有层间和楼层平台板的双跑楼梯）
三边支承楼层平板
踏步段
楼层梁
或砌体墙
或剪力墙
三边支承层间平板
层间梁
或砌体墙
或剪力墙
踏步段
三边支承楼层平板
楼层梁
或砌体墙
或剪力墙
上
层间平板
三边支座
楼层平板
三边支座
上层楼层平板
三边支座
GT 型（有层间和楼层平台板的双跑楼梯）
三边支承楼层平板
踏步段
楼层梁
单边支承层间平板
层间梁
踏步段
三边支承楼层平板
楼层梁
上
层间平板
单边支座
楼层平板
三边支座
上层楼层平板
三边支座
HT 型（有层间平台板的双跑楼梯）
踏步段
楼层梯梁
三边支承层间平板
层间梁
或剪力墙
或砌体墙
踏步段
楼层梯梁
上
层间平板
三边支座
楼层梯梁单边支座
(楼梯间内的梯梁)
上层
楼层梯梁单边支座
(楼梯间内的梯梁)
ATa 型
高端梯梁
踏步段
滑动支座
低端梯梁
上
高端梯梁
低端梯梁
ATb 型
高端梯梁
踏步段
滑动支座
低端梯梁
上
高端梯梁
低端梯梁

（续表）

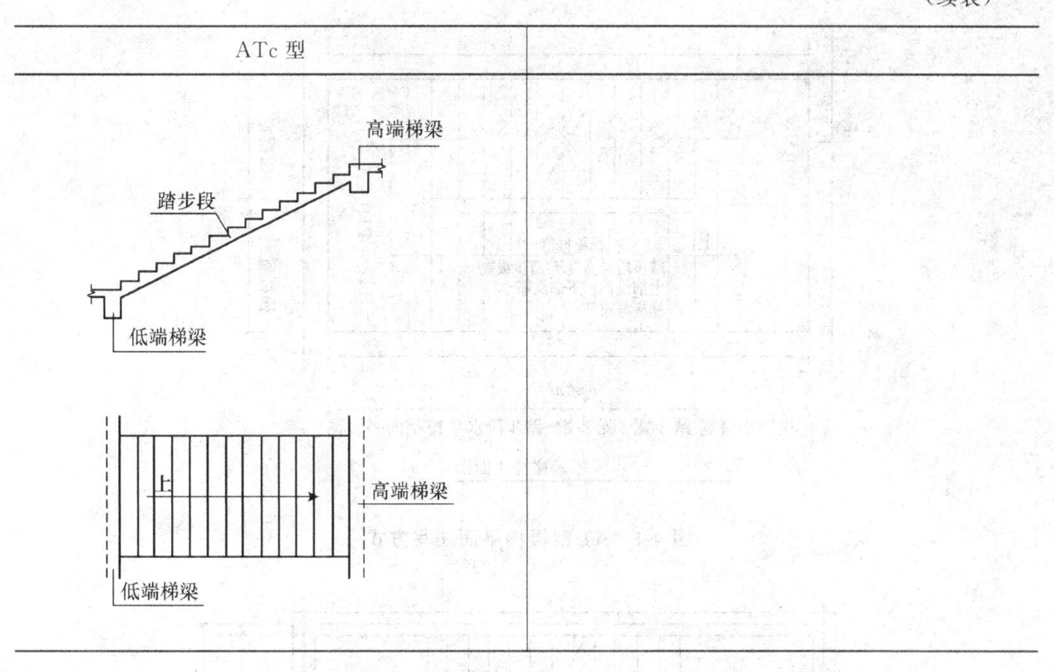

第二节　现浇混凝土板式楼梯平法施工图标准构造详图

一、AT 型楼梯

1. AT 型楼梯的适用条件与平面注写方式

AT 型楼梯的适用条件为：两梯梁之间的矩形梯板全部由踏步段构成，即踏步段两端均以梯梁为支座。凡是满足该条件的楼梯均可为 AT 型。

AT 型楼梯平面注写方式，如图 4-1 所示。其中集中注写的内容分 4 排注写：

第 1 排为梯板类型代号与序号 AT××，梯板厚度 h；

第 2 排为踏步段总高度 H_s/踏步级数（$m+1$）；

第 3 排为上部纵筋及下部纵筋；

第 4 排为梯板分布筋。

AT 型楼梯平面注写方式设计示例，如图 4-2 所示。

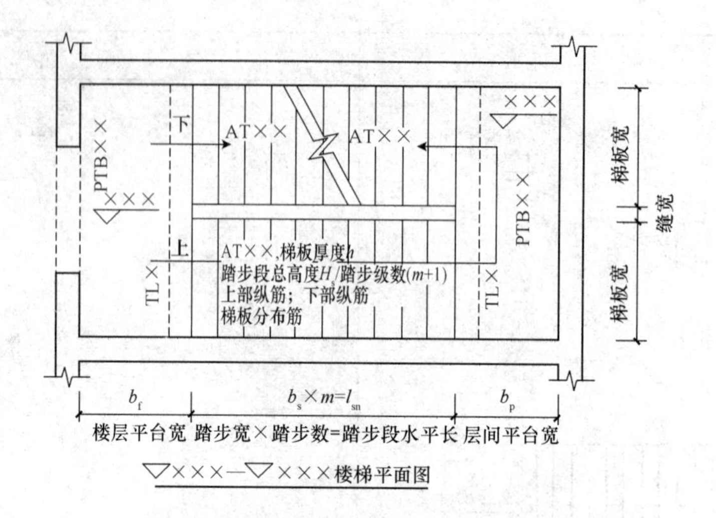

图 4-1 AT 型楼梯平面注写方式

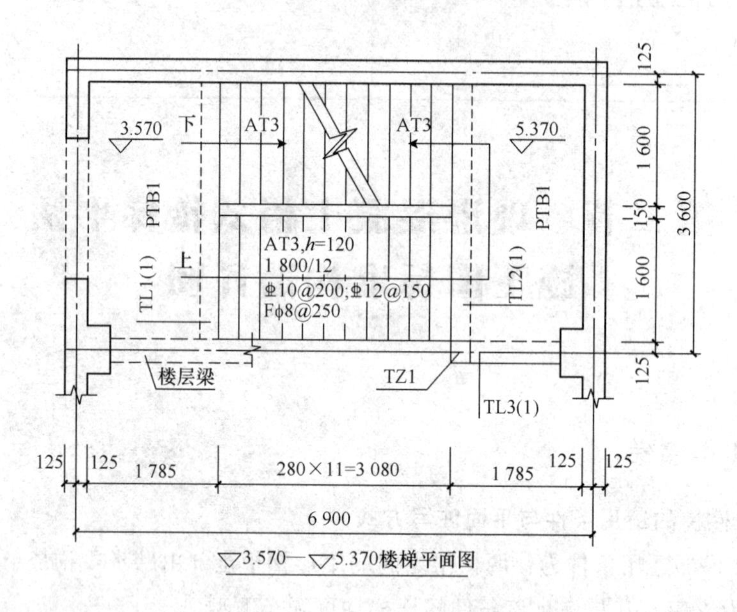

图 4-2 AT 型楼梯平面注写方式设计示例

2. AT 型楼梯板配筋构造

AT 型楼梯板配筋构造，如图 4-3 所示。

3. AT 型楼梯钢筋计算

AT 型板式楼梯平面图如图 4-1 所示。

(1) AT 楼梯板的基本尺寸数据：梯板净跨度 l_n、梯板净宽度 b_n、梯板厚度 h、踏步宽度 b_s、踏步总高度 H_s 和踏步高度 h_s。

(2) 楼梯板钢筋计算中可能用到的系数是斜坡系数 k。

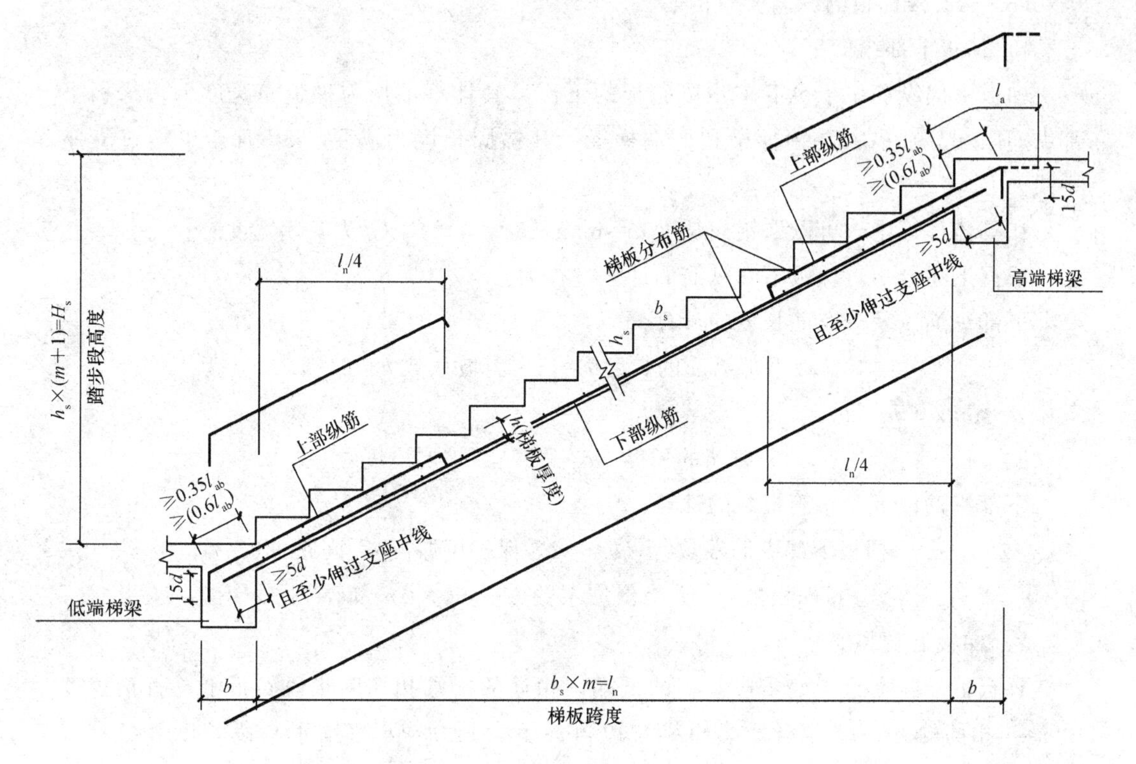

图 4-3　AT 型楼梯板配筋构造

在钢筋计算中，经常需要通过水平投影长度计算斜长：

斜长＝水平投影长度×斜坡系数 k

其中，斜坡系数 k 可以通过踏步宽度和踏步高度来进行计算，如图 4-4 所示。

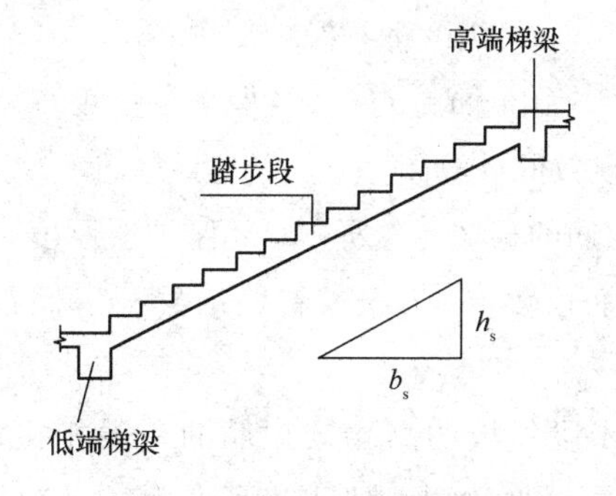

图 4-4　斜坡系数示意图

斜坡系数 k＝sqrt（$b_s \times b_s + h_s \times h_s$）/$b_s$

上述公式中的 sqrt（　）为求平方根函数。

下面根据AT楼梯板钢筋构造图（图4-3）来分析AT楼梯板钢筋计算过程。

（3）AT楼梯板的纵向受力钢筋。

1）梯板下部纵筋

梯板下部纵筋位于AT踏步段斜板的下部，其计算依据为梯板净跨度l_n；梯板下部纵筋两端分别锚入高端梯梁和低端梯梁。其锚固长度为满足≥$5d$且至少伸过支座中线。

在具体计算中，可以取锚固长度$a=\max(5d, b/2)$。（b为支座宽度）

根据上述分析，梯板下部纵筋的计算过程为：

下部纵筋以及分布筋长度的计算：

$$梯板下部纵筋的长度\ l=l_n\times 斜坡系数\ k+2\times a$$

其中$a=\max(5d, b/2)$。

$$分布筋的长度=b_n-2\times 保护层厚度$$

下部纵筋以及分布筋根数的计算：

$$梯板下部纵筋根数=(b_n-2\times 保护层厚度)/间距+1$$

$$分布筋根数=(l_n\times 斜坡系数\ k-50\times 2)/间距+1$$

2）梯板低端扣筋

梯板低端扣筋位于踏步段斜板的低端，扣筋的一端扣在踏步段斜板上，直钩长度为h_1。扣筋的另一端伸至低端梯梁对边再向下弯折$15d$，弯锚水平段长度≥$0.35l_{ab}$（≥$0.6l_{ab}$）。扣筋的延伸长度水平投影长度为$l_n/4$。

根据上述分析，梯板低端扣筋的计算过程为：

低端扣筋以及分布筋长度的计算：

$$l_1=l_n/4+(b-保护层厚度)\times 斜坡系数\ k$$

$$l_2=15d$$

$$h_1=h-保护层厚度$$

$$分布筋=b_n-2\times 保护层厚度$$

低端扣筋以及分布筋根数的计算：

$$梯板低端扣筋的根数=(b_n-2\times 保护层厚度)/间距+1$$

$$分布筋根数=(l_n/4\times 斜坡系数\ k)/间距+1$$

3）梯板高端扣筋

梯板高端扣筋位于踏步段斜板的高端，扣筋的一端扣在踏步段斜板上，直钩长度为h_1，扣筋的另一端锚入高端梯梁内，锚入直段长度≥$0.4l_a$，直钩长度l_2为$15d$。扣筋的延伸长度水平投影长度为$l_n/4$。

根据上述分析，梯板高端扣筋的计算过程为：

高端扣筋以及分布筋长度的计算：

$$h_1=h-保护层厚度$$

$$l_1 = [l_n/4 + (b - 保护层厚度)] \times 斜坡系数\ k$$

$$l_2 = 15d$$

$$分布筋 = b_n - 2 \times 保护层厚度$$

高端扣筋以及分布筋根数的计算：

$$梯板高端扣筋的根数 = (b_n - 2 \times 保护层厚度) / 间距 + 1$$

$$分布筋的根数 = (l_n/4 \times 斜坡系数\ k) / 间距 + 1$$

注：梯板扣筋弯锚水平段“$\geqslant 0.35l_{ab}$（$\geqslant 0.6l_{ab}$）”为验算弯锚水平段（b －保护层厚度）×斜坡系数 k 的条件。

【例】 AT3 楼梯平面注写方式一般模式如图 4-2 所示。其中支座宽度 $b=200$mm，保护层厚度为 15mm。

（1）AT3 楼梯板的基本尺寸数据。（图 4-3 给出具体的标注数据）

梯板净跨度 $l_n=3080$mm

梯板净宽度 $b_n=1600$mm

梯板厚度 $h=120$mm

踏步宽度 $b_s=280$mm

踏步总高度 $H_s=1800$mm

踏步高度 $h_s=1800\text{mm}/12=150$mm

楼层平板和层间平板长度＝1600mm×2＋150mm＝3350mm

（2）斜坡系数 k 的计算。

斜坡系数 $k=\text{sqrt}(b_s \times b_s + h_s \times h_s)/b_s = \text{sqrt}(280 \times 280 + 150 \times 150)/280 = 1.134$。

（3）楼梯下部纵筋的计算。

下部纵筋以及分布筋长度的计算：

$a=\max(5d, b/2)=\max(5 \times 12, 200/2)=100$

梯板下部纵筋长度 $l=l_nk+2a=3080 \times 1.134+2 \times 100=3692.72$mm。

分布筋的长度＝$b_n - 2 \times$保护层厚度＝1600 － 2×15＝1570mm。

梯板下部纵筋根数＝（b_n－ 2×保护层厚度）/间距＋1＝（1600 － 2×15）/150＋1＝12 根。

分布筋根数＝（$l_n \times k$ － 50×2）/间距＋1＝（3080×1.134 － 100）/250＋1＝15 根。

（4）梯板低端扣筋的计算。

$l_1=[l_n/4+(b-保护层厚度)] \times k=(3080/4+200-15) \times 1.134=1082.97$mm。

$l_2=15d=15 \times 10=150$mm。

$h_1=h-保护层厚度=120-15=105$mm。

梯板低端扣筋的根数＝（b_n－2×保护层厚度）/间距＋1＝(1600－2×15）/200＋1＝9 根。

分布筋根数＝（l_n/4×k）/间距＋1＝（3080/4×1.134）/250＋1＝5 根。

（5）梯板高端扣筋的计算。

h_1＝h－保护层厚度＝120－15＝105mm。

l_1＝［l_n/4＋（b－保护层厚度）］×k＝（3080/4＋200－15）×1.134＝1082.97mm。

l_2＝15d＝15×10＝150mm。

分布筋＝b_n－2×保护层厚度＝1600－2×15＝1570mm。

梯板高端扣筋的根数＝（b_n－2×保护层厚度）/间距＋1＝（1600－2×15）/200＋1＝9 根。

分布筋根数＝（l_n/4×k）/间距＋1＝（3080/4×1.134）/250＋1＝5 根。

注：上面只计算了一跑 AT3 的钢筋，一个楼梯间有两跑 AT3，就把上述的钢筋数量乘以 2。

二、BT 型楼梯

1. BT 型楼梯的适用条件与平面注写方式

BT 型楼梯的适用条件为：两梯梁之间的矩形梯板由低端平板和踏步段构成，两部分的一端各自以梯梁为支座。凡是满足该条件的楼梯均可为 BT 型。

BT 型楼梯平面注写方式，如图 4-5 所示。其中集中注写的内容分 4 排注写：

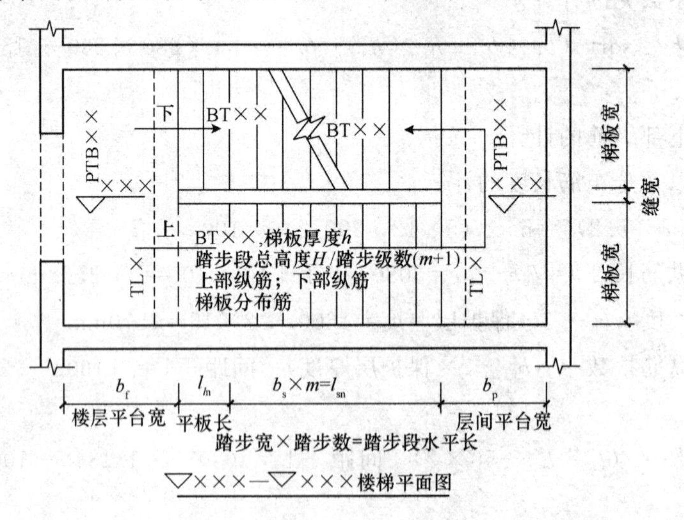

图 4-5　BT 型楼梯平面注写方式

第 1 排为梯板类型代号与序号 BT××，梯板厚度 h；

第 2 排为踏步段总高度 H_s/踏步级数（m＋1）；

第 3 排为上部纵筋及下部纵筋；

第 4 排为梯板分布筋。

BT 型楼梯平面注写方式设计示例，如图 4-6 所示。

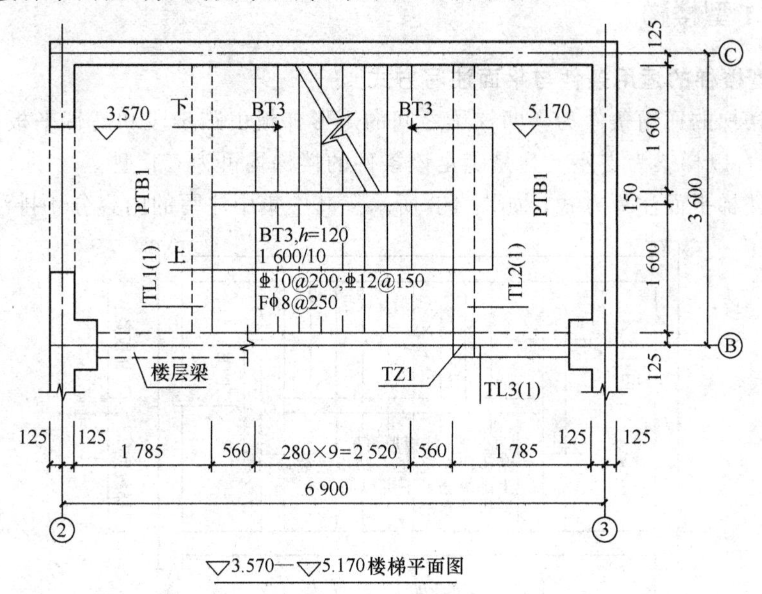

图 4-6　BT 型楼梯平面注写方式设计示例

2. BT 型楼梯板配筋构造

BT 型楼梯板配筋构造，如图 4-7 所示。

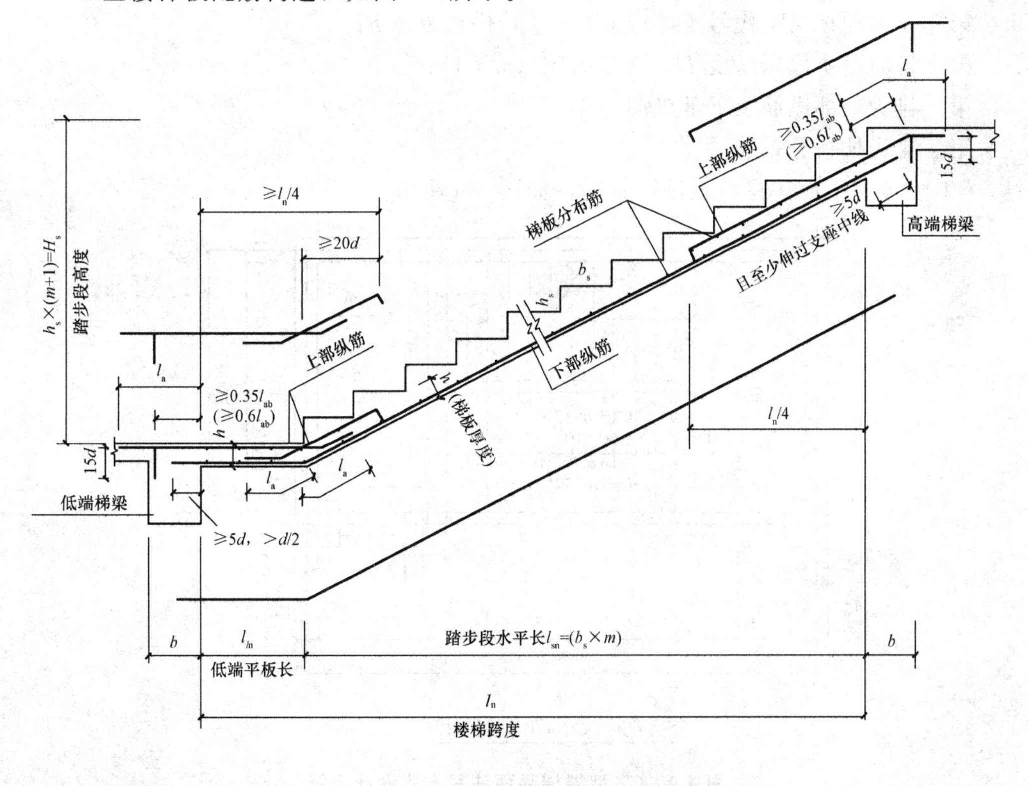

图 4-7　BT 型楼梯板配筋构造

三、CT 型楼梯

1. CT 型楼梯的适用条件与平面注写方式

CT 型楼梯的适用条件为：两梯梁之间的矩形梯板由踏步段和高端平板构成，两部分的一端各自以梯梁为支座。凡是满足该条件的楼梯均可为 CT 型。

CT 型楼梯平面注写方式，如图 4-8 所示。其中集中注写的内容分 4 排注写：

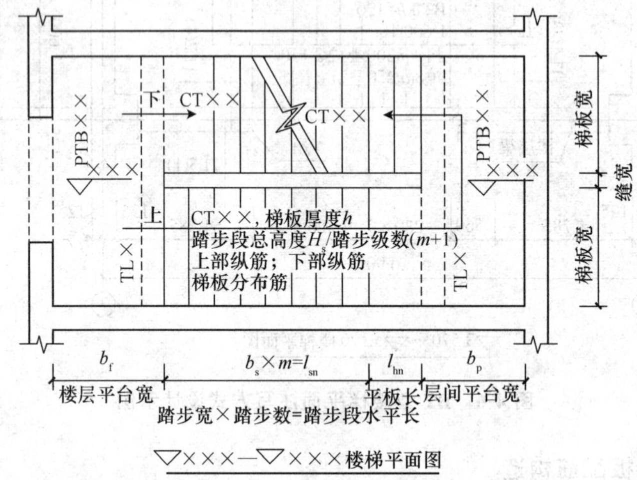

图 4-8　CT 型楼梯平面注写方式

第 1 排为梯板类型代号与序号 CT××，梯板厚度 h；

第 2 排为踏步段总高度 H_s/踏步级数（$m+1$）；

第 3 排为上部纵筋及下部纵筋；

第 4 排为梯板分布筋。

CT 型楼梯平面注写方式设计示例，如图 4-9 所示。

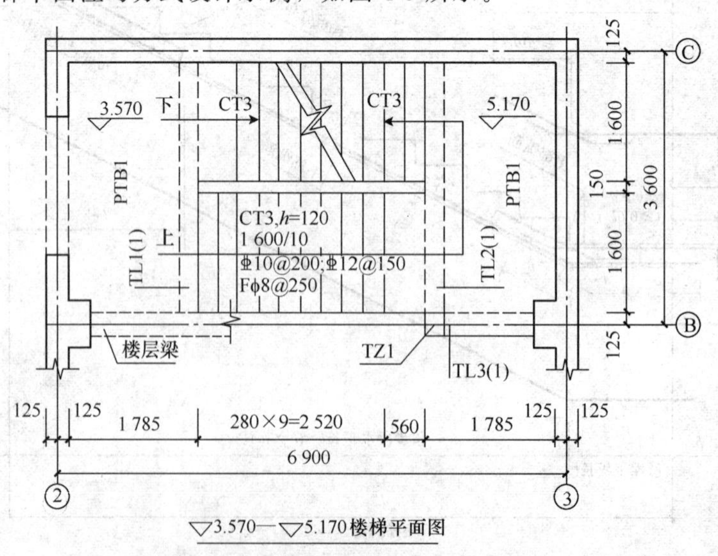

图 4-9　CT 型楼梯平面注写方式设计示例

2. CT 型楼梯板配筋构造

CT 型楼梯板配筋构造，如图 4-10 所示。

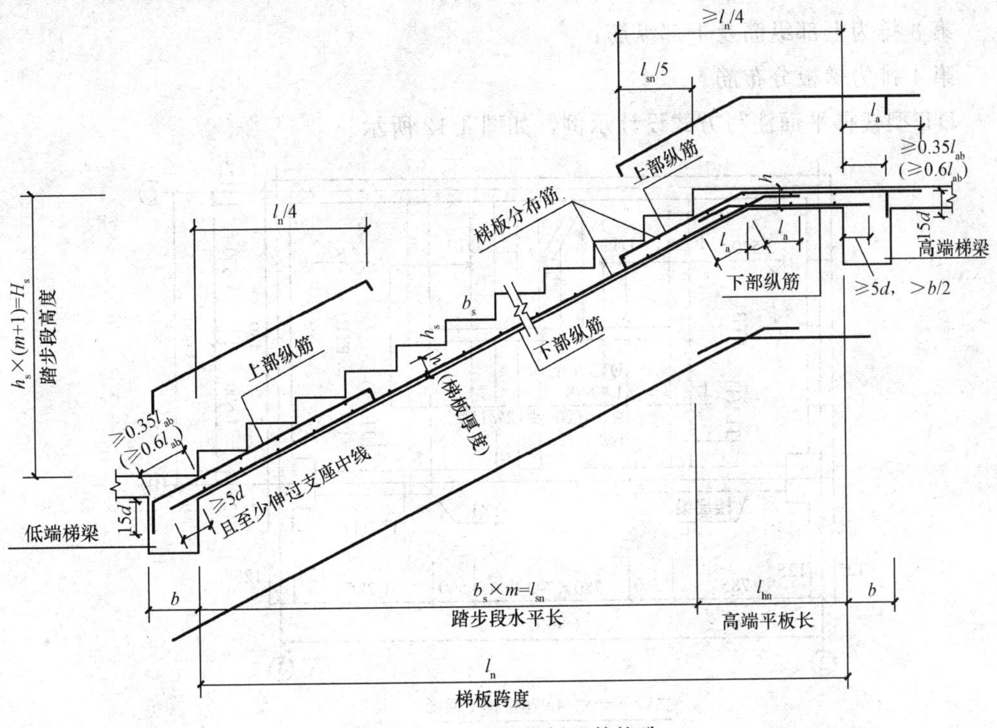

图 4-10　CT 型楼梯板配筋构造

四、DT 型楼梯

1. DT 型楼梯的适用条件与平面注写方式

DT 型楼梯的适用条件为：两梯梁之间的矩形梯板由低端平板、踏步段和高端平板构成，高、低端平板的一端各自以梯梁为支座。凡是满足该条件的楼梯均可为 DT 型。

DT 型楼梯平面注写方式，如图 4-11 所示。其中集中注写的内容分 4 排注写：

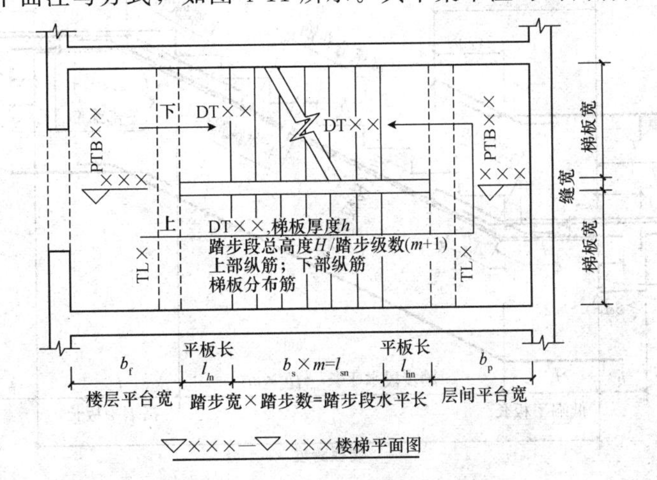

图 4-11　DT 型楼梯平面注写方式

第 1 排为梯板类型代号与序号 DT××，梯板厚度 h；

第 2 排为踏步段总高度 H_s/踏步级数（$m+1$）；

第 3 排为上部纵筋及下部纵筋；

第 4 排为梯板分布筋。

DT 型楼梯平面注写方式设计示例，如图 4-12 所示。

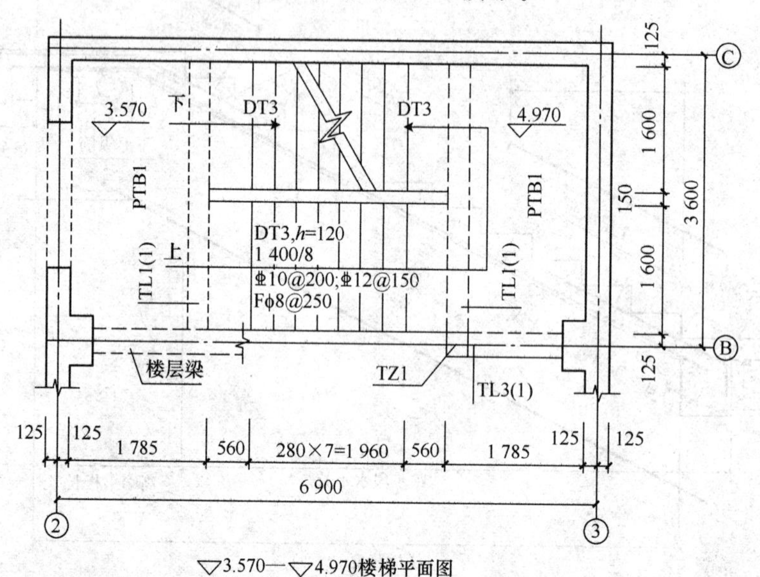

图 4-12　DT 型楼梯平面注写方式设计示例

2. DT 型楼梯板配筋构造

DT 型楼梯板配筋构造，如图 4-13 所示。

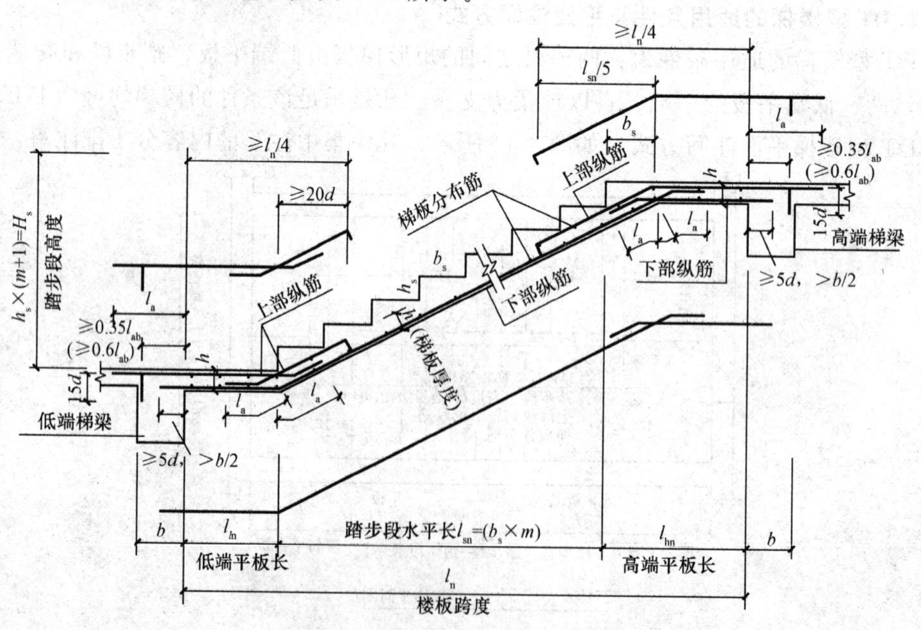

图 4-13　DT 型楼梯板配筋构造

五、ET 型楼梯

1. ET 型楼梯的适用条件与平面注写方式

ET 型楼梯的适用条件为：两梯梁之间的矩形梯板由低端踏步段、中位平板和高端踏步段构成，高、低端踏步段的一端各自以梯梁为支座。凡是满足该条件的楼梯均可为 ET 型。

ET 型楼梯平面注写方式，如图 4-14 所示。其中集中注写的内容分 4 排注写：

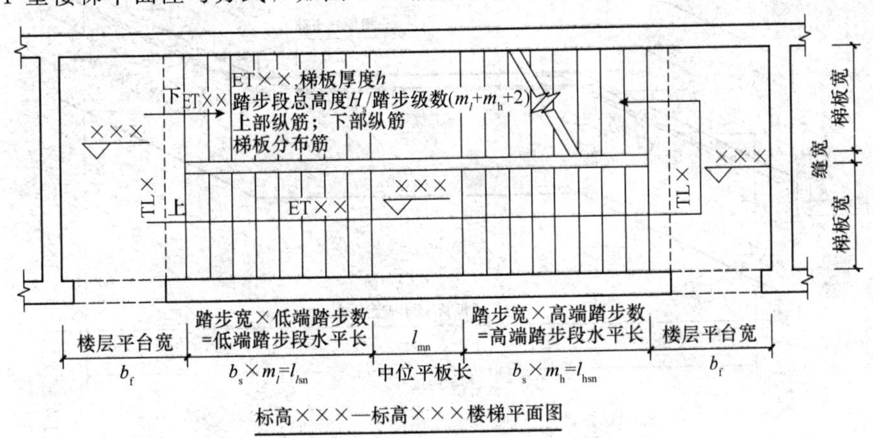

图 4-14　ET 型楼梯平面注写方式

第 1 排为梯板类型代号与序号 ET××，梯板厚度 h；

第 2 排为踏步段总高度 H_s/踏步级数（m_l+m_h+2）；

第 3 排为上部纵筋及下部纵筋；

第 4 排为梯板分布筋。

ET 型楼梯平面注写方式设计示例，如图 4-15 所示。

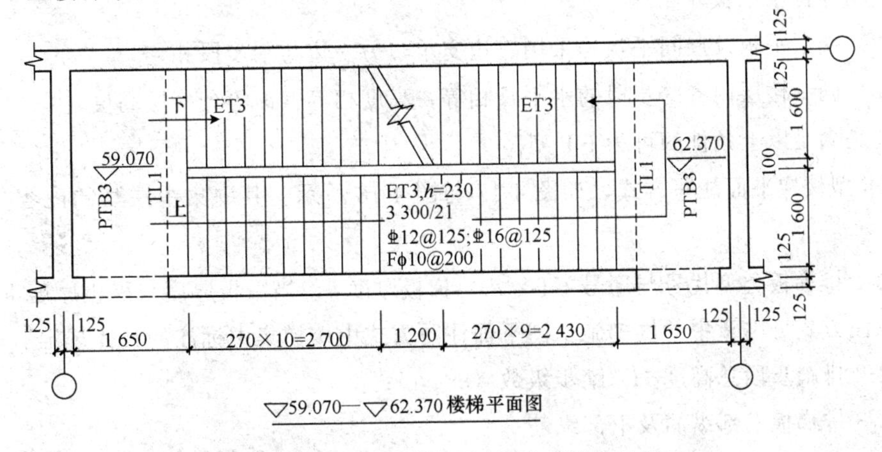

图 4-15　ET 型楼梯平面注写方式设计示例

ET 型楼梯为楼层间的单跑楼梯，跨度较大，一般情况下均应双层配筋。

2. ET 型楼梯板配筋构造

ET 型楼梯板配筋构造，如图 4-16 所示。

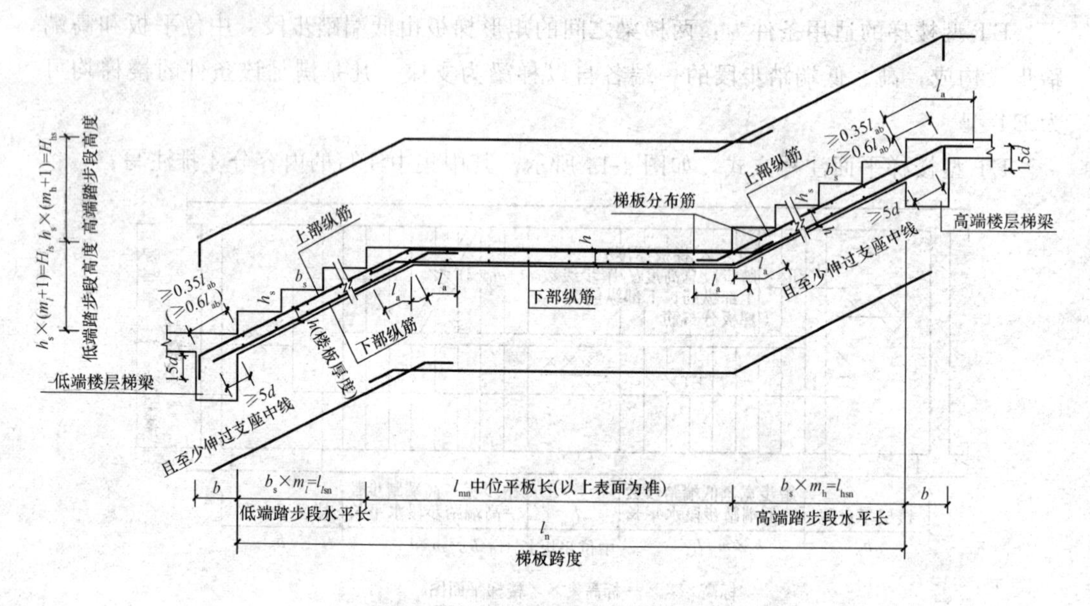

图 4-16　ET 型楼梯板配筋构造

六、FT 型楼梯

1. FT 型楼梯的适用条件与平面注写方式

FT 型楼梯的适用条件为：

(1) 矩形梯板由楼层平板、两跑踏步段与层间平板三部分构成，楼梯间内不设置梯梁；墙体位于平板外侧。

(2) 楼层平板及层间平板均采用三边支承，另一边与踏步段相连。

(3) 同一楼层内各踏步段的水平长相等，高度相等（即等分楼层高度）。

凡是满足以上条件的可为 FT 型。

FT 型楼梯平面注写方式，如图 4-17 与图 4-18 所示。其中集中注写的内容分 4 排注写：

第 1 排梯板类型代号与序号 FT××，梯板厚度 h，当平板厚度与梯板厚度不同时，板厚标注方式见本章中“楼梯施工图平面注写方式中楼梯集中标注的具体规定”；

第 2 排踏步段总高度 H_s/踏步级数 $(m+1)$；

第 3 排梯板上部纵筋及下部纵筋；

第 4 排梯板分布筋（梯板分布钢筋也可在平面图中注写或统一说明）。

原位注写的内容为楼层与层间平板上部横向配筋与外伸长度。当平板上部横向钢

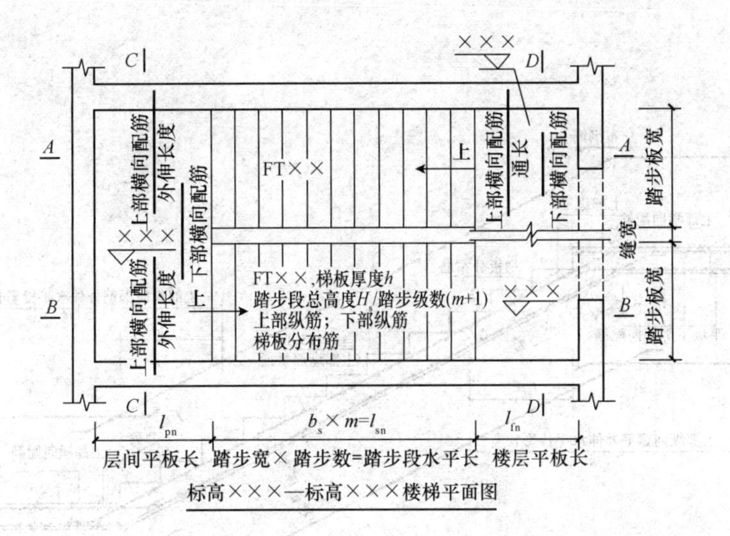

图 4-17　FT 型楼梯平面注写方式

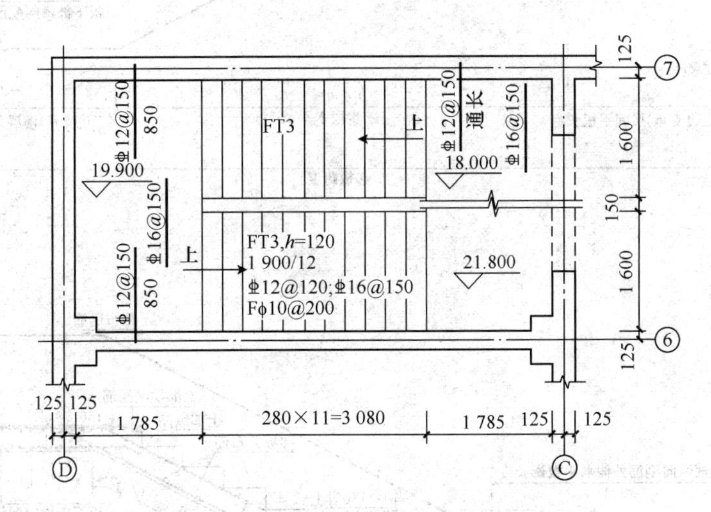

图 4-18　FT 型楼梯平面注写方式设计示例

筋贯通配置时，仅需在一侧支座标注，并加注“通长”二字，对面一侧支座不注，如图 4-18 所示。

图 4-17 中的剖面符号仅为表示后面标准构造详图的表达部位而设，在结构设计施工图中不需要绘制剖面符号及详图。图 4-17 中 *A-A*、*B-B*、*C-C*、*D-D* 剖面，如图 4-19 所示。

2. FT 型楼梯板配筋构造

FT 型楼梯板配筋构造，如图 4-19 所示。

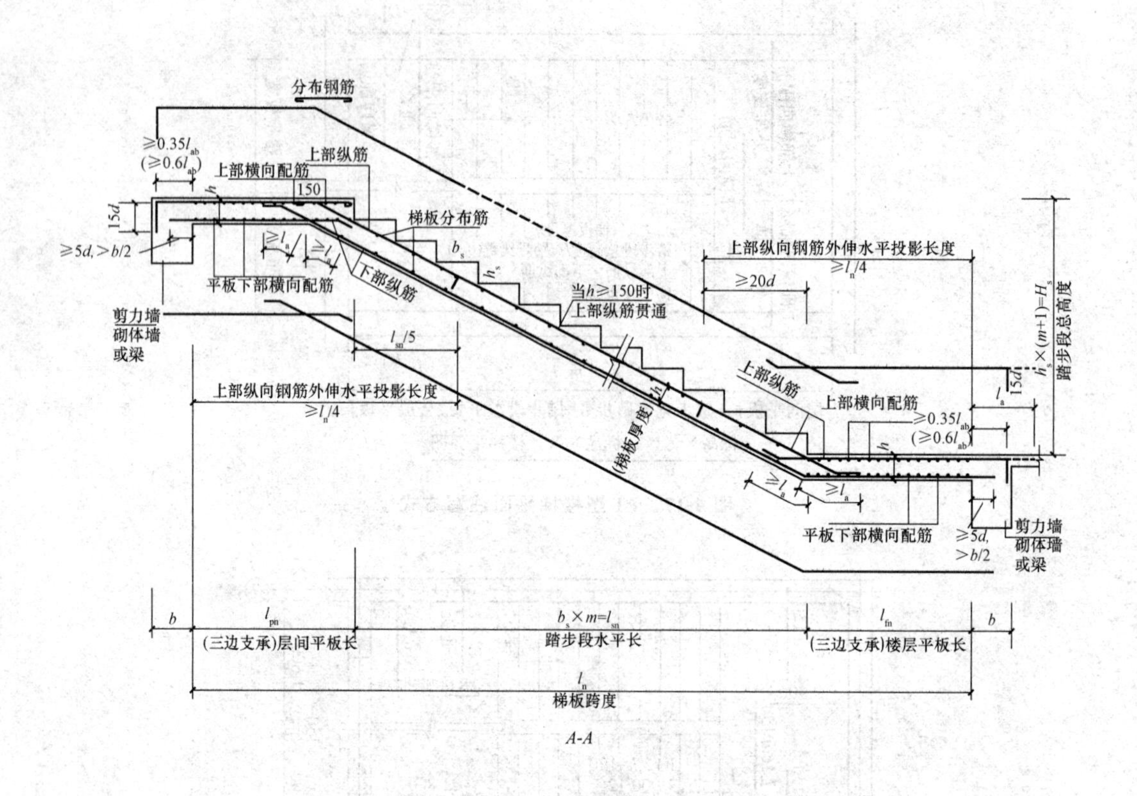

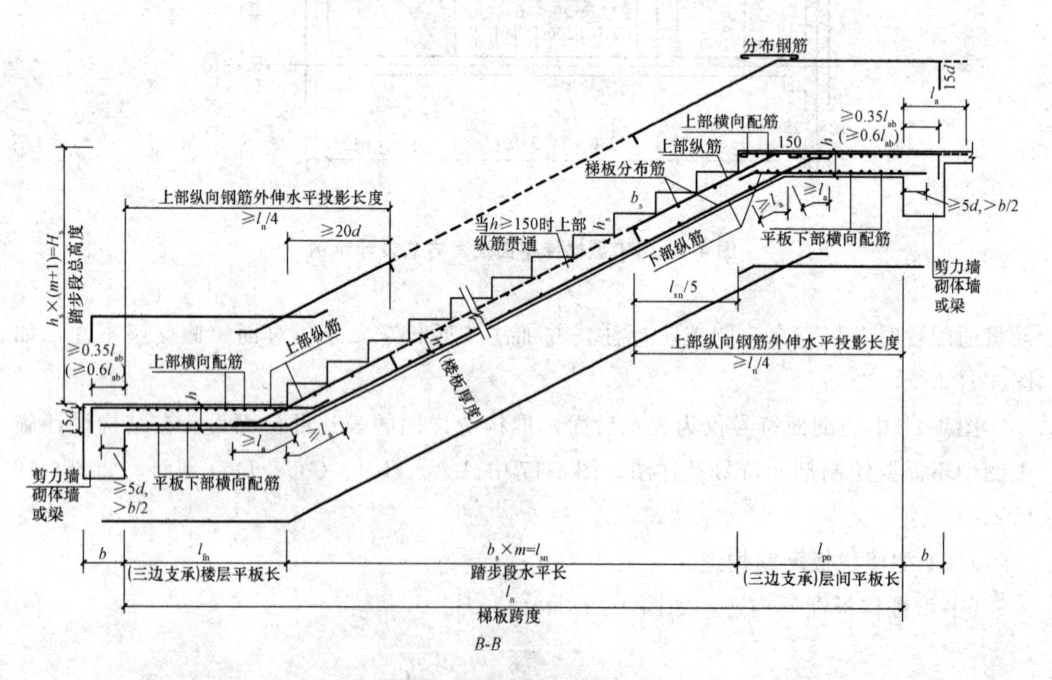

图 4-19　FT 型楼梯板配筋构造

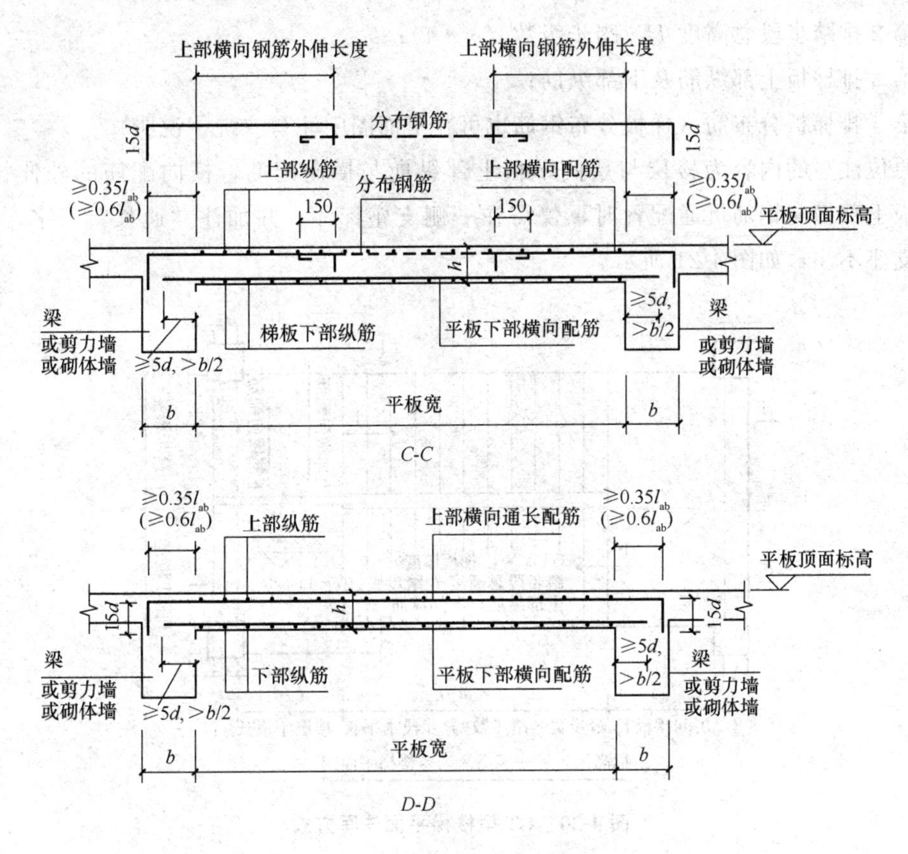

图 4-19　FT 型楼梯板配筋构造（续）

图 4-19 中 *A-A*、*B-B* 剖面的楼层平板和层间平板均为三边支承；*C-C*、*D-D* 剖面用于 FT、GT、HT 型楼梯，故下面不再进行列出。

七、GT 型楼梯

1. GT 型楼梯的适用条件与平面注写方式

GT 型楼梯的适用条件为：

（1）楼梯间内不设置梯梁，矩形梯板由楼层平板、两跑踏步段与层间平板三部分构成。

（2）楼层平板采用三边支承，另一边与踏步段的一端相连；层间平板采用单边支承，对边与踏步段的另一端相连，另外两相对侧边为自由边。

（3）同一楼层内各踏步段的水平长度相等，高度相等（即等分楼层高度）。

凡是满足以上条件的均可为 GT 型。

GT 型楼梯平面注写方式，如图 4-20 与图 4-21 所示。其中集中注写的内容分 4 排注写：第 1 排梯板类型代号与序号 GT××，梯板厚度 *h*，当平板厚度与梯板厚度不同时，板厚标注方式见本章中“楼梯施工图平面注写方式中楼梯集中标注的具体规定”；

第 2 排踏步段总高度 H_s/踏步级数（$m+1$）；

第 3 排梯板上部纵筋及下部纵筋；

第 4 排梯板分布筋（梯板分布钢筋也可在平面图中注写或统一说明）。

原位注写的内容为楼层与层间平板上部纵向与横向配筋，横向配筋的外伸长度。当平板上部横向钢筋贯通配置时，仅需在一侧支座标注，并加注“通长”二字，对面一侧支座不注，如图 4-21 所示。

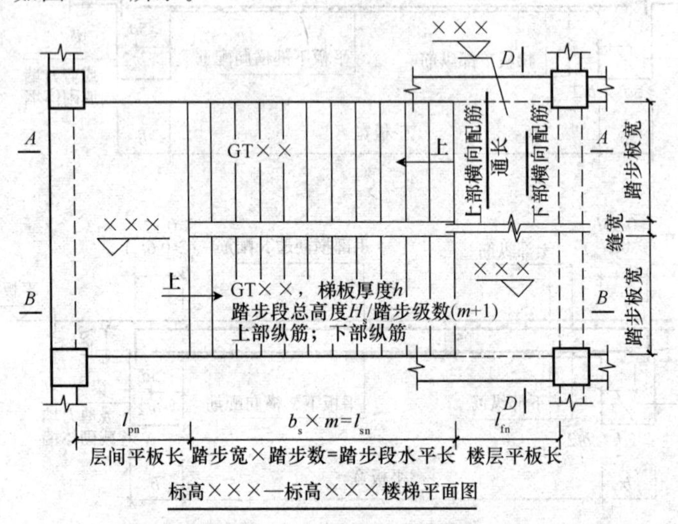

图 4-20　GT 型楼梯平面注写方式

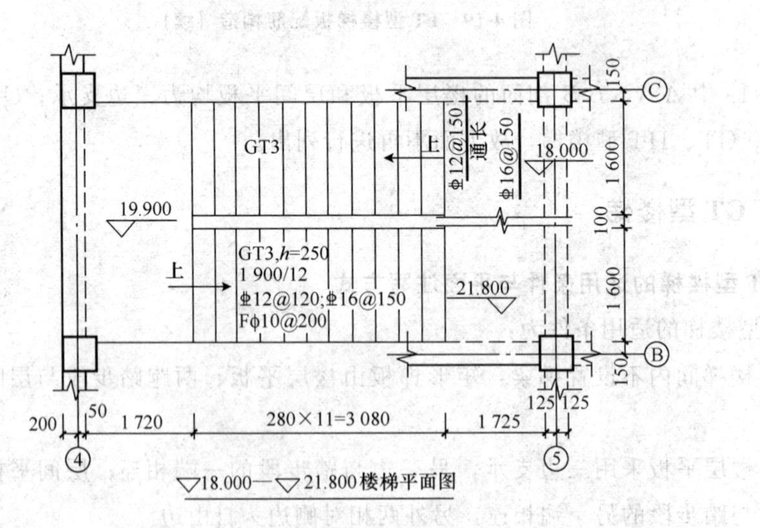

图 4-21　GT 型楼梯平面注写方式设计示例

图 4-20 中的剖面符号仅为表示后面标准构造详图的表达部位而设，在结构设计施工图中不需要绘制剖面符号及详图。图 4-20 中 A-A、B-B 剖面，如图 4-22 所示。

2. GT 型楼梯板配筋构造

GT 型楼梯板配筋构造，如图 4-22 所示。

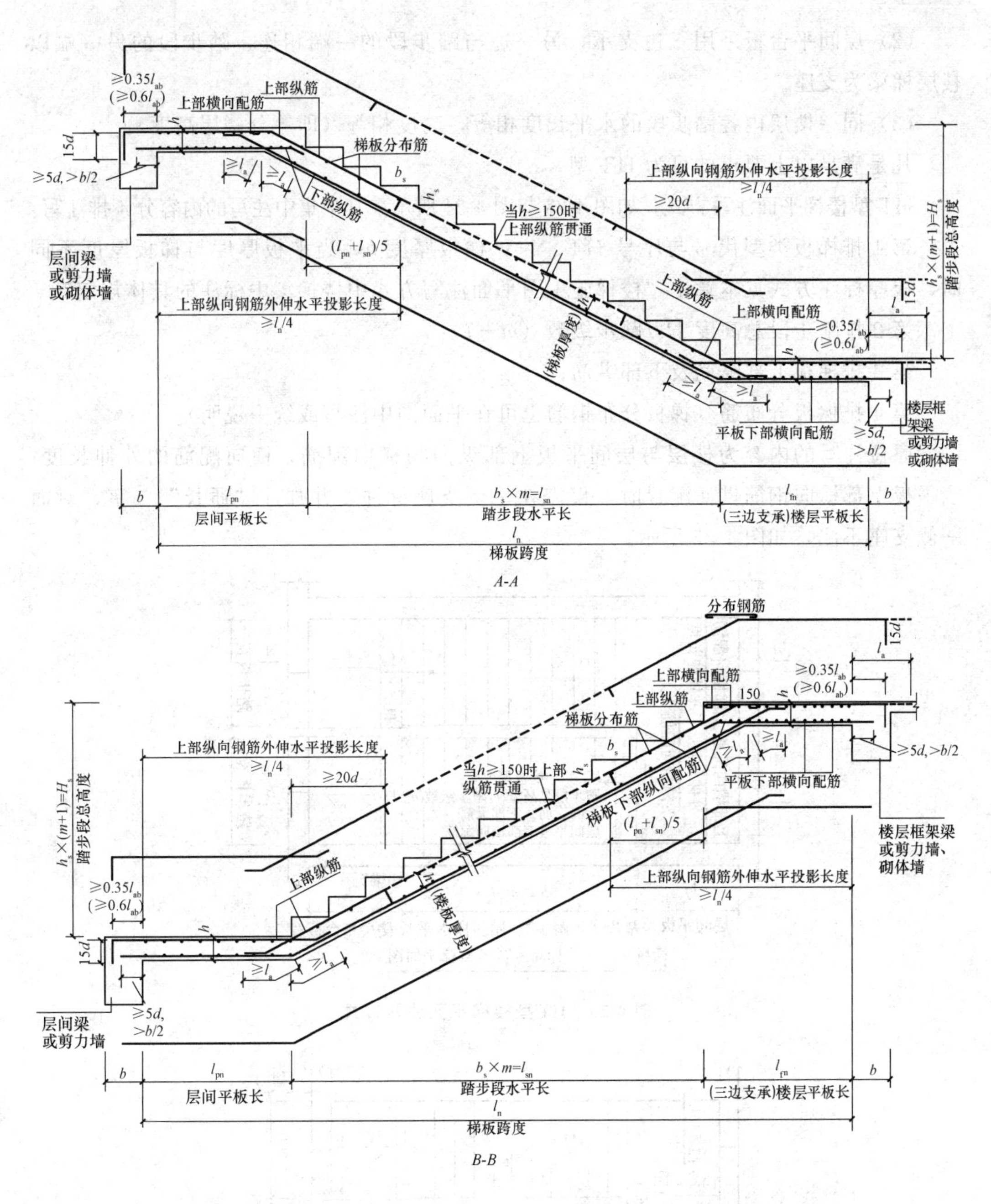

图 4-22　GT 型楼梯板配筋构造（楼层平板为三边支承，层间平板为单边支承）

八、HT 型楼梯

1. HT 型楼梯的适用条件与平面注写方式

HT 型楼梯的适用条件为：

（1）楼梯间设置楼层梯梁，但不设置层间梯梁；矩形梯板由两跑踏步段与层间平台板两部分构成。

(2) 层间平台板采用三边支承，另一边与踏步段的一端相连，踏步段的另一端以楼层梯梁为支座。

(3) 同一楼层内各踏步段的水平长度相等，高度相等（即等分楼层高度）。

凡是满足以上要求的可为 HT 型。

HT 型楼梯平面注写方式，如图 4-23 与图 4-24 所示。其中集中注写的内容分 4 排注写：

第 1 排梯板类型代号与序号 HT××；梯板厚度 h，当平板厚度与梯板厚度不同时，板厚标注方式见本章中“楼梯施工图平面注写方式中楼梯集中标注的具体规定”；

第 2 排踏步段总高度 H_s/踏步级数 $(m+1)$；

第 3 排梯板上部纵筋及下部纵筋；

第 4 排梯板分布筋（梯板分布钢筋也可在平面图中注写或统一说明）。

原位注写的内容为楼层与层间平板上部纵向与横向配筋，横向配筋的外伸长度。当平板上部横向钢筋贯通配置时，仅需在一倒支座标注，并加注“通长”二字，对面一侧支座不注，如图 4-23 所示。

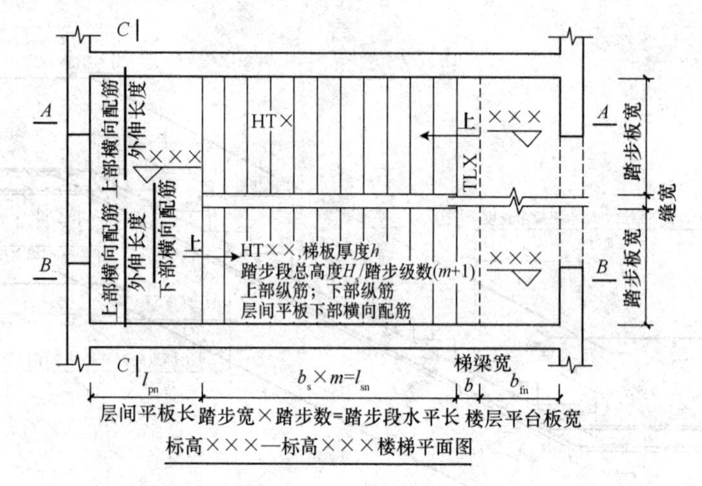

图 4-23　HT 型楼梯平面注写方式

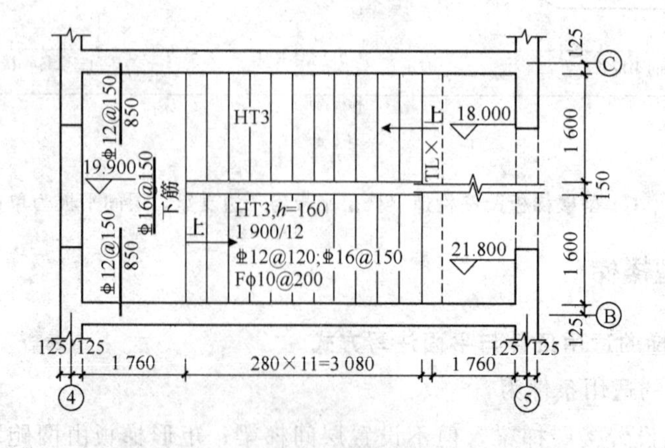

图 4-24　HT 型楼梯平面注写方式设计示例

图 4-23 中的剖面符号仅为表示后面标准构造详图的表达部位而设，在结构设计施工图中不需要绘制剖面符号及详图。图 4-23 中 *A-A*、*B-B* 剖面，如图 4-25 所示。

2. HT 型楼梯板配筋构造

HT 型楼梯板配筋构造，如图 4-25 所示。

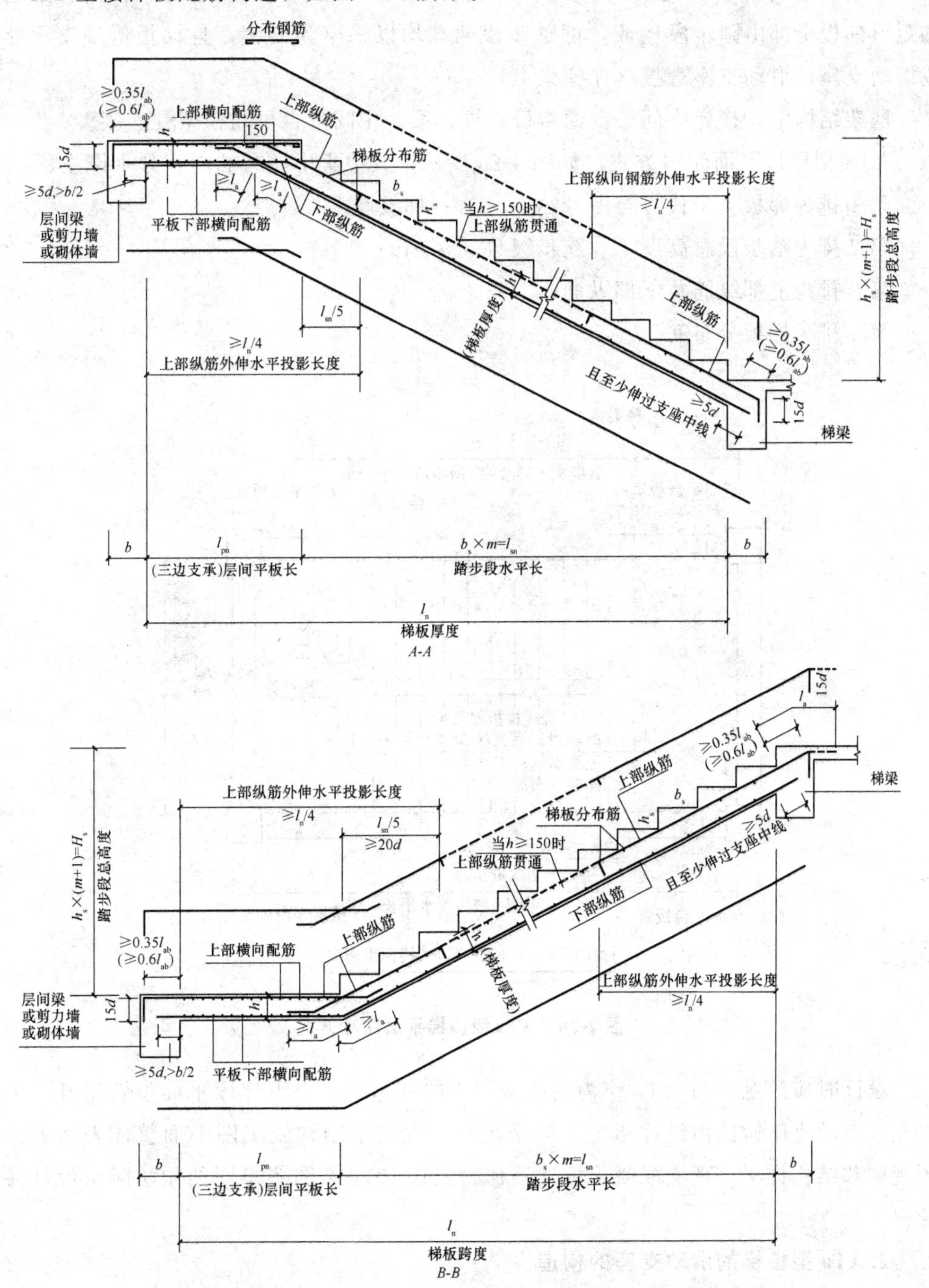

图 4-25　HT 型楼梯板配筋构造（层间平板为三边支承，踏步段楼层端为单边支承）

九、ATa 型楼梯

1. ATa 型楼梯的适用条件与平面注写方式

ATa 型楼梯设滑动支座，不参与结构整体抗震计算；其适用条件为：两梯梁之间的矩形梯板全部由踏步段构成，即踏步段两端均以梯梁为支座，且梯板低端支承处做成滑动支座，滑动支座直接落在梯梁上。

框架结构中，楼梯中间平台通常设梯柱、梁，中间平台可与框架柱连接。

ATa 型楼梯平面注写方式，如图 4-26 所示。其中集中注写的内容分 4 排注写：

第 1 排为梯板类型代号与序号 ATa××；梯板厚度 h；

第 2 排为踏步段总高度 H_s/踏步级数（m+1）；

第 3 排为上部纵筋及下部纵筋；

第 4 排为梯板分布筋。

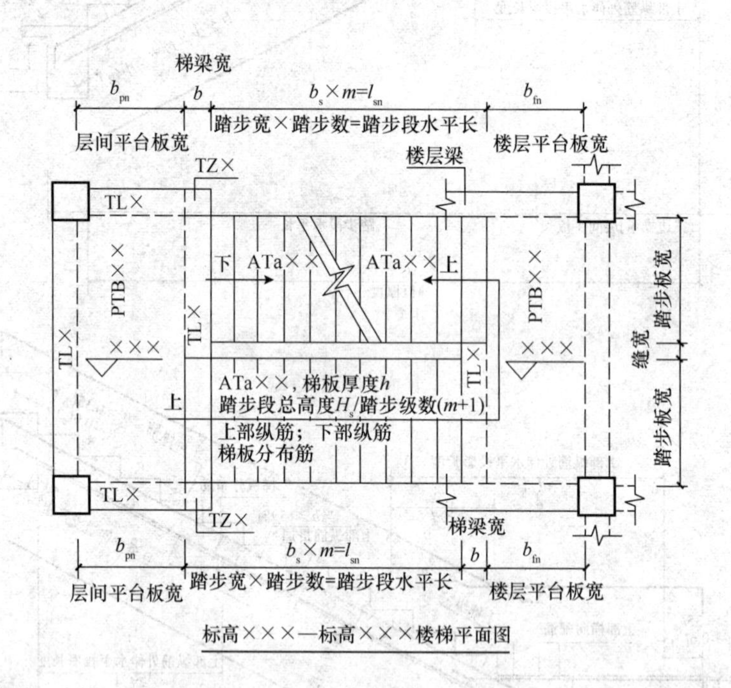

图 4-26　ATa 型楼梯平面注写方式

设计时应注意：当 ATa 作为两跑楼梯中的一跑时，上下梯段平面位置错开一个踏步宽。滑动支座做法由设计指定，当采用与《混凝土结构施工图平面整体表示方法制图规则和结构详图（现浇混凝土板式楼梯）》11G101－2 图集不同的做法时由设计另行给出。

2. ATa 型楼梯的滑动支座的构造

ATa 型楼梯的滑动支座的构造，如图 4-27 所示。

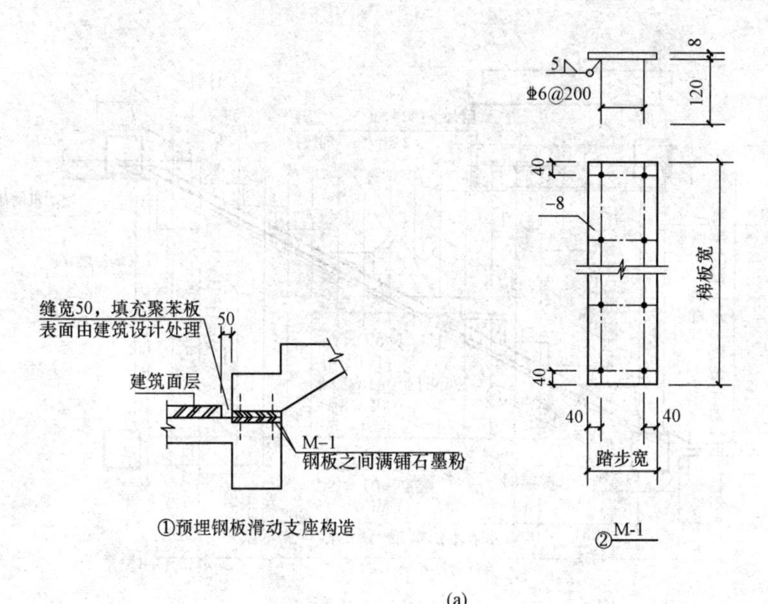

①预埋钢板滑动支座构造

②M-1

(a)

平头螺钉M4与混凝土连接
间距不大于200
40
5厚聚四氟乙烯板
梯板宽
40
40
40
踏步宽
缝宽50，填充聚苯板
表面由建筑设计处理
50
建筑面层
5厚聚四氟乙烯板
宽度同踏步宽

①设聚四氟乙烯垫板滑动支座构造

②聚四氟乙烯板

(b)

图 4-27　ATa 型楼梯的滑动支座的构造

(a) 预埋钢板；

(b) 设聚四氟乙烯垫板（梯段浇筑时应在垫板上铺设塑料薄膜）

3. ATa 型楼梯板配筋构造

ATa 型楼梯板配筋构造，如图 4-28 所示。

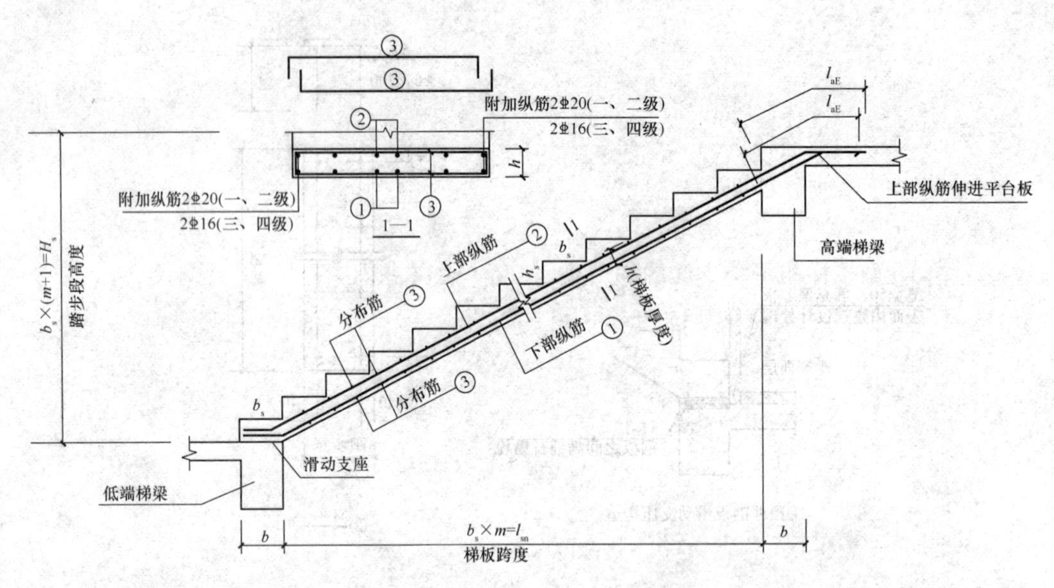

图 4-28　ATa 型楼梯板配筋构造

十、ATb 型楼梯

1. ATb 型楼梯的适用条件与平面注写方式

ATb 型楼梯设滑动支座，不参与结构整体抗震计算；其适用条件为：两梯梁之间的矩形梯板全部由踏步段构成，即踏步段两端均以梯梁为支座，且梯板低端支承处做成滑动支座，滑动支座直接落在梯梁挑板上。

框架结构中，楼梯中间平台通常设梯柱、梁，中间平台可与框架柱连接。

ATb 型楼梯平面注写方式，如图 4-29 所示，其中集中注写的内容分 4 排注写：

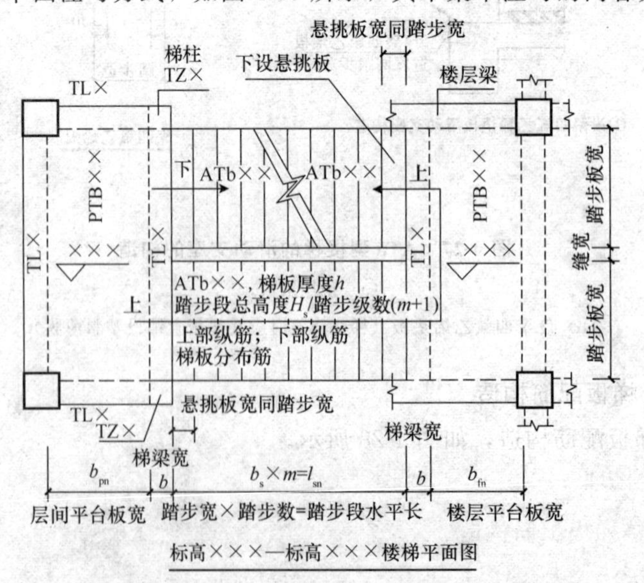

图 4-29　ATb 型楼梯平面注写方式

第 1 排为梯板类型代号与序号 ATb××；梯板厚度 h；

第 2 排为踏步段总高度 H_s/踏步级数（$m+1$）；

第 3 排为上部纵筋及下部纵筋；

第 4 排为梯板分部筋。

滑动支座做法由设计指定，当采用与本图集不同的做法时由设计另行给出。

2. ATb 型楼梯的滑动支座的构造

ATb 型楼梯的滑动支座的构造，如图 4-30 所示。

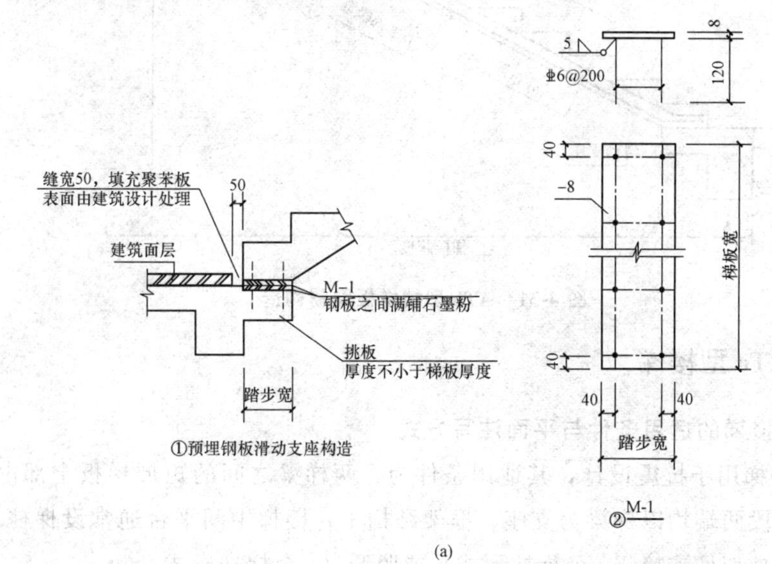

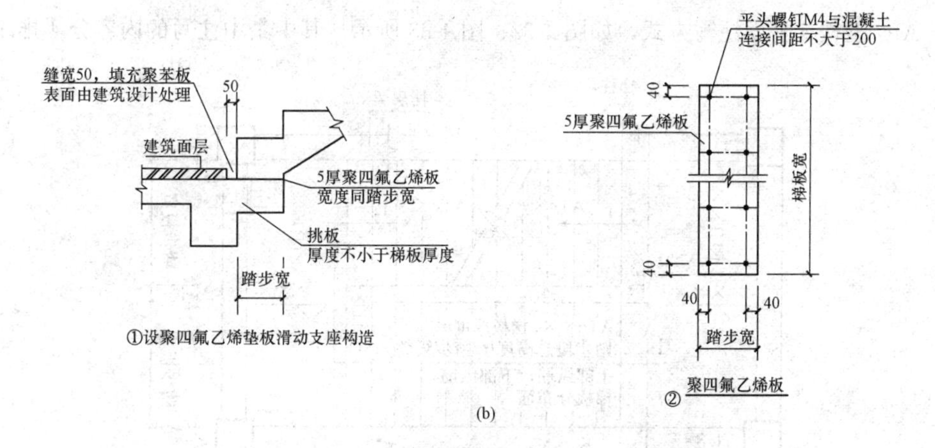

图 4-30　ATb 型楼梯的滑动支座的构造

（a）预埋钢板；

（b）设聚四氟乙烯垫板（梯段浇筑时应在垫板上铺设塑料薄膜）

3. ATb 型楼梯板配筋构造

ATb 型楼梯板配筋构造，如图 4-31 所示。

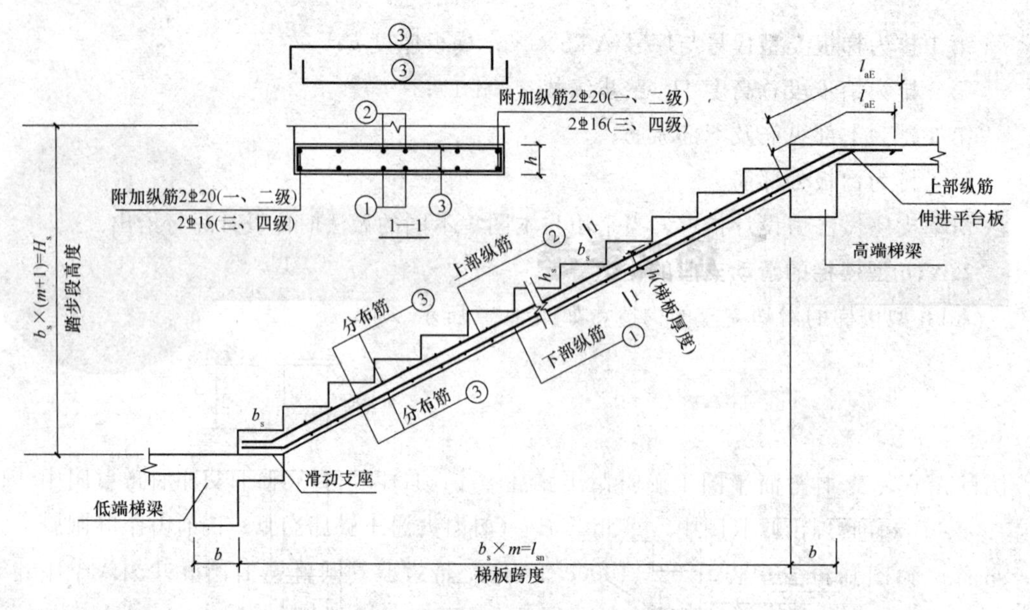

图 4-31 ATb 型楼梯板配筋构造

十一、ATc 型楼梯

1. ATc 型楼梯的适用条件与平面注写方式

ATc 型楼梯用于抗震设计，其适用条件为：两梯梁之间的矩形梯板全部由踏步段构成，即踏步段两端均以梯梁为支座。框架结构中，楼梯中间平台通常设梯柱、梯梁，中间平台可与框架柱连接（2 个梯柱形式）或脱开（4 个梯柱形式）。

ATc 型楼梯平面注写方式，如图 4-32、图 4-33 所示。其中集中注写的内容分 4 排注写：

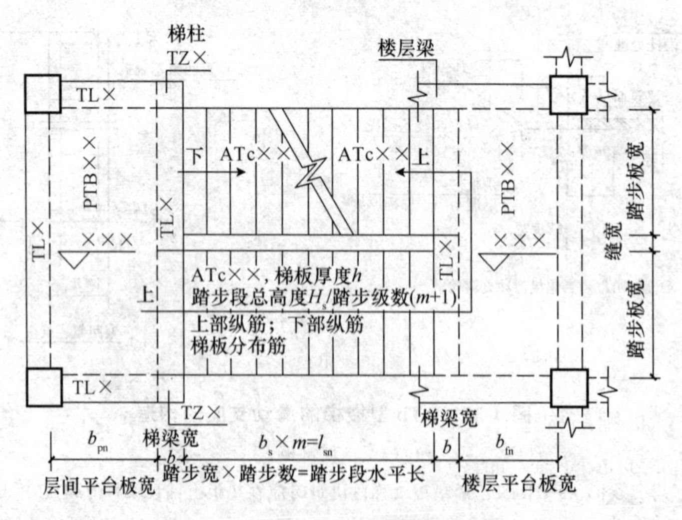

图 4-32 ATc 型楼梯平面注写方式（一）

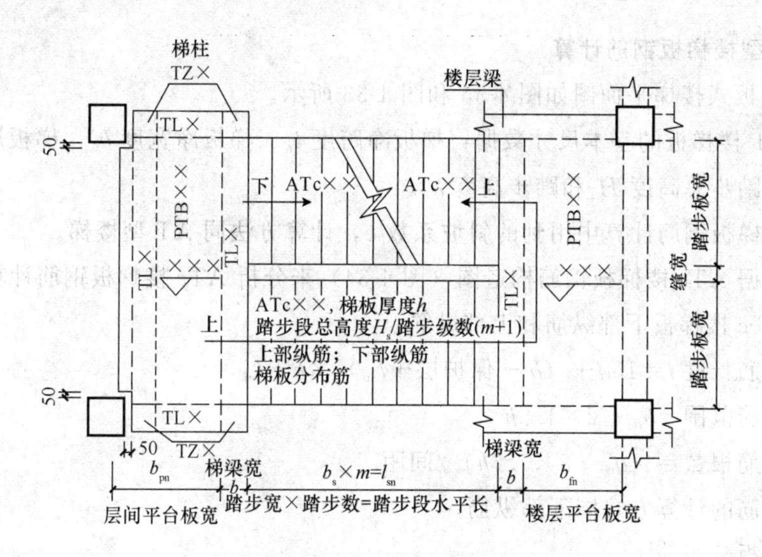

图 4-33　ATc 型楼梯平面注写方式（二）

第 1 排为楼梯类型代号与序号 ATc××；梯板厚度 h；

第 2 排为踏步段总高度 H_s/踏步级数（$m+1$）；

第 3 排为上部纵筋及下部纵筋；

第 4 排为梯板分布筋。

2. ATc 型楼梯板配筋构造

ATc 型楼梯板配筋构造，如图 4-34 所示。

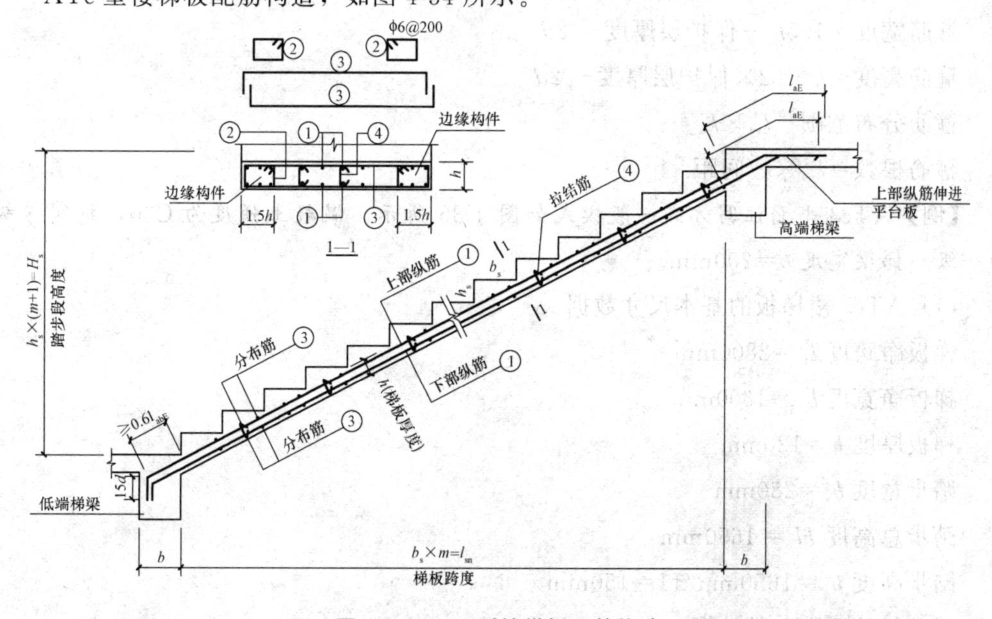

图 4-34　ATc 型楼梯板配筋构造

3. ATc 型楼梯板钢筋计算

ATc 型板式楼梯平面图如图 4-35 和图 4-33 所示。

（1）AT 楼梯板的基本尺寸数据：梯板净跨度 l_n、梯板净宽度 b_n、梯板厚度 h、踏步宽度 b_s、踏步总高度 H_s和踏步高度 h_s。

（2）楼梯板钢筋计算中用到的斜坡系数 k，计算方法同 AT 型楼梯。

下面根据 ATc 楼梯板钢筋构造图（图 4-34）来分析 ATc 楼梯板钢筋计算过程。

（3）ATc 楼梯板下部纵筋和上部纵筋。

下部纵筋长度 $l=15d+$（b —保护层$+l_{sn}$）$\times k+l_{aE}$

下部纵筋范围$=b_n-2\times1.5h$

下部纵筋根数＝（$b_n-2\times1.5h$）/间距

上部纵筋的计算方式同下部纵筋。

（4）梯板分布筋。

分布筋的水平段长度$=b_n-2\times$保护层厚度

分布筋的直钩长度$=h-2\times$保护层厚度

分布筋设置范围$=l_{sn}\times k$

分布筋根数$=l_{sn}\times k$/间距

（5）梯板拉结筋（即④号钢筋）。

拉结筋长度$=h-2\times$保护层厚度$+2\times$拉筋直径

拉结筋根数$=l_{sn}\times k$/间距

（6）梯板暗梁箍筋（即②号钢筋）。

由 ATc 型板式楼梯的特征可知，梯板暗梁箍筋为ϕ6@200。

箍筋宽度$=1.5h$ —保护层厚度$-2d$

箍筋高度$=h-2\times$保护层厚度$-2d$

箍筋分布范围$=l_{sn}\times k$

箍筋根数$=l_{sn}\times k$/间距

【例】 ATc3 平面注写方式一般模式如图 4-35 所示。混凝土强度为 C30，抗震等级为一级，梯梁宽度 $b=200$mm。

（1）ATc3 楼梯板的基本尺寸数据

梯板净跨度 $l_n=2800$mm

梯板净宽度 $b_n=1600$mm

梯板厚度 $h=120$mm

踏步宽度 $b_s=280$mm

踏步总高度 $H_s=1650$mm

踏步高度 $h_s=1650$mm/11$=150$mm

（2）斜坡系数 k 的计算

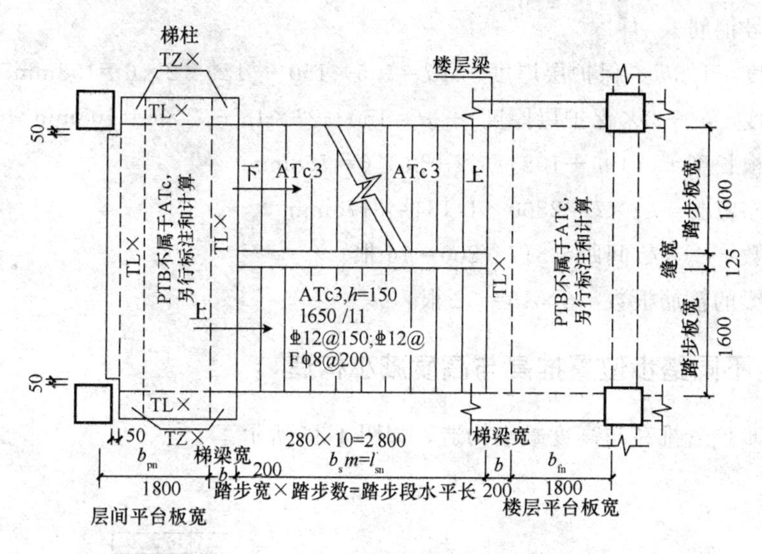

图 4-35　ATc3 平面注写方式一般模式（平面图）

斜坡系数 k=sqrt（$b_s \times b_s + h_s \times h_s$）/$b_s$=sqrt（280×280＋150×150）/280＝1.134。

（3）ATc 楼梯板下部纵筋和上部纵筋

下部纵筋长度 $l = 15d +$（b －保护层$+ l_{sn}$）$\times k + l_{aE}$

＝15×12＋（200 － 15＋2800）×1.134＋40×12

＝4045mm

下部纵筋范围＝b_n－ 2×1.5h＝1600 － 2×1.5×150＝1150mm

下部纵筋根数＝（b_n－ 2×1.5h）/间距＝1150/150＝8 根

上部纵筋的计算方式同下部纵筋。

（4）梯板分布筋

分布筋的水平段长度＝b_n－ 2×保护层厚度＝1600 － 2×15＝1570mm

分布筋的直钩长度＝h － 2×保护层厚度＝150 － 2×15＝120mm

分布筋每根长度＝1570＋2×120＝1790mm

分布筋设置范围＝$l_{sn} \times k$＝2800×1.134＝3175mm

上部纵筋分布筋根数＝$l_{sn} \times k$/间距＝3175/200＝16 根

上下纵筋的分布筋总数＝2×16＝32 根

（5）④号钢筋

由《混凝土结构施工图平面整体表示方法制图规则和构造详图（现浇混凝土板式楼梯）》（11G101－2）第 44 页的注 4 可知，梯板拉结筋ϕ6，间距为 600mm。

拉结筋长度＝h － 2×保护层厚度＋2×拉筋直径＝150 － 2×15＋2×6＝132mm

拉结筋根数＝$l_{sn} \times k$/间距＝3175/600＝6 根

拉结筋总根数＝8×6＝48 根

(6) ②号钢筋

箍筋宽度$=1.5h-$保护层厚度$-2d=1.5\times150-15-2\times6=198$mm

箍筋高度$=h-2\times$保护层厚度$-2d=150-2\times15-2\times6=108$mm

箍筋每根长度$=(198+108)\times2+26\times6=768$mm

箍筋分布范围$=l_{sn}\times k=2800\times1.134=3175$mm

箍筋根数$=l_{sn}\times k/$间距$=3175/200=16$根

两道暗梁的箍筋根数$=2\times16=32$根

十二、不同踏步位置推高与高度减小构造

不同踏步位置推高与高度减小构造，如图 4-36 所示。

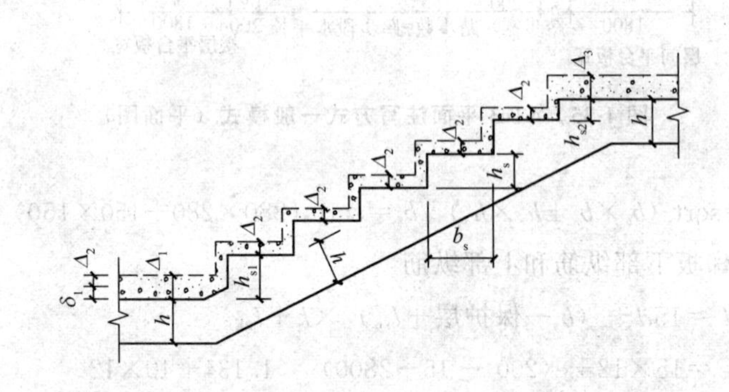

图 4-36　不同踏步位置推高与高度减小构造

δ_1—第一级与中间各级踏步整体竖向推高值；

h_{s1}—第一级（推高后）踏步的结构高度；

h_{s2}—最上一级（减小后）踏步的结构高度；Δ_1—第一级踏步根部面层厚度；

Δ_2—中间各级踏步的面层厚度；Δ_3—最上一级踏步（板）面层厚度

建筑地面、楼层平台板和层间平台板的建筑面层厚度经常与楼梯踏步面层厚度不同，为使建筑面层做好后的楼梯踏步等高，各型号楼梯踏步板的第一级踏步高度和最后一级踏步高度需要相应增加或减少，见楼梯剖面图，若没有楼梯剖面图，则应符合图 4-36 的构造要求。

由于踏步上下两端板的建筑面层厚度不同，为使面层完工后各级踏步等高等宽，必须减小最上一级踏步的高度并将其余踏步整体斜向推高，整体推高的（垂直）高度值$\delta_1=\Delta_1-\Delta_2$，高度减小后的最上一级踏步高度$h_{s2}=h_s-(\Delta_3-\Delta_2)$。

十三、各型楼梯第一跑与基础连接构造

各型楼梯第一跑与基础连接构造，如图 4-37 所示。

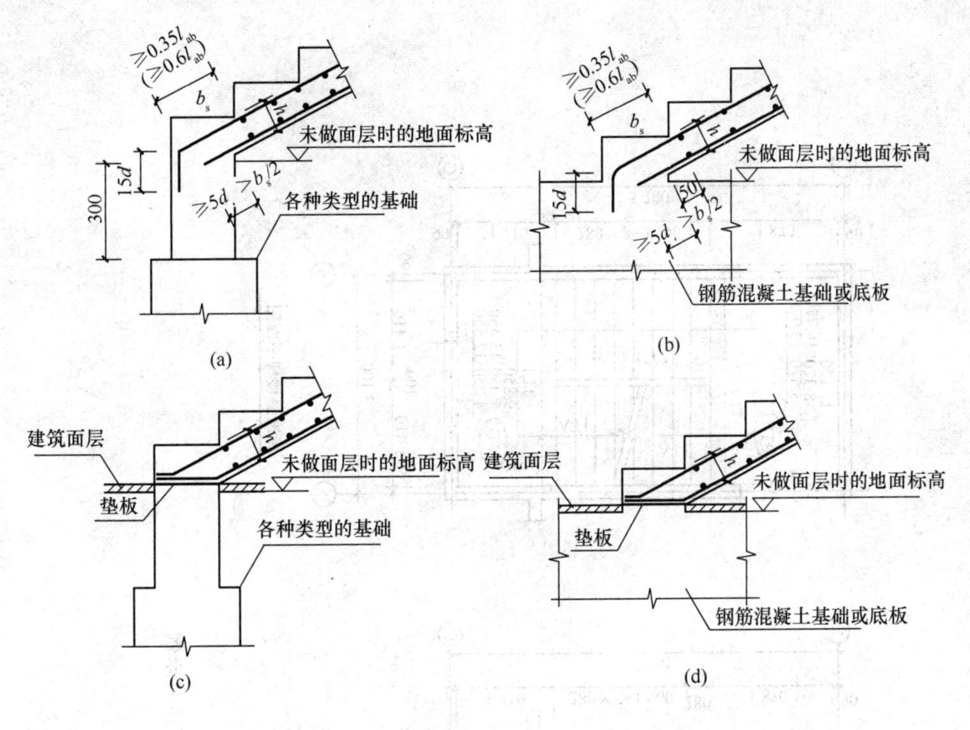

图 4-37　各型楼梯第一跑与基础连接构造

（a）构造（一）；（b）构造（二）；

（c）构造（三）（用于滑动支座）；（d）构造（四）（用于滑动支座）

注：当梯板型号为 ATc 时，图中 l_{ab}应改为 l_{abE}，下部纵筋锚固要求同上部纵筋。

当考虑楼梯参加地震作用时，应符合抗震锚固要求。

当充分利用钢筋的抗拉强度时，上部钢筋在基础内的锚固水平段长度不小于 $0.6l_{ab}$，并伸至远端，弯折后直线段的长度不小于 12d（投影长度为 15d）；当设计为铰接时，上部钢筋在基础内的锚固水平段长度不小于 $0.35l_{ab}$，并伸至远端，弯折后直线段的长度不小于 12d（投影长度为 15d）。

下部钢筋伸入支座锚固长度为 5d、至少伸至支座中心线处、不小于踏步板的厚度，三者取较大值。

采用光面钢筋时，端部应设置 180°弯钩，直线段不少于 3d。对带有滑动支座的梯板，楼梯第一跑与基础连接构造，如图 4-37（c）、（d）所示。

十四、楼梯施工图剖面注写

楼梯施工图剖面注写示例，如图 4-38 所示。

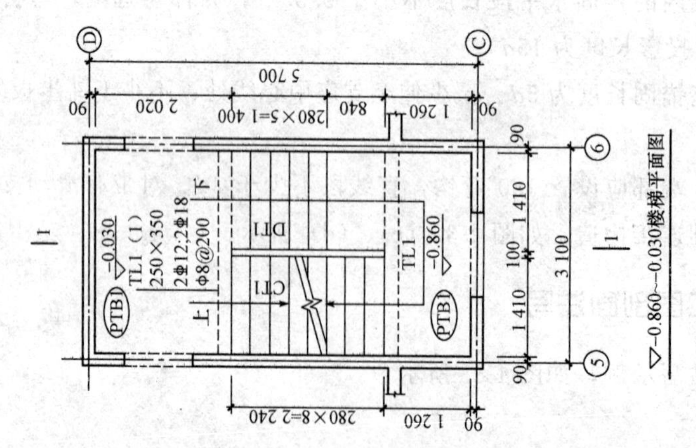

▽-0.860~-0.030楼梯平面图

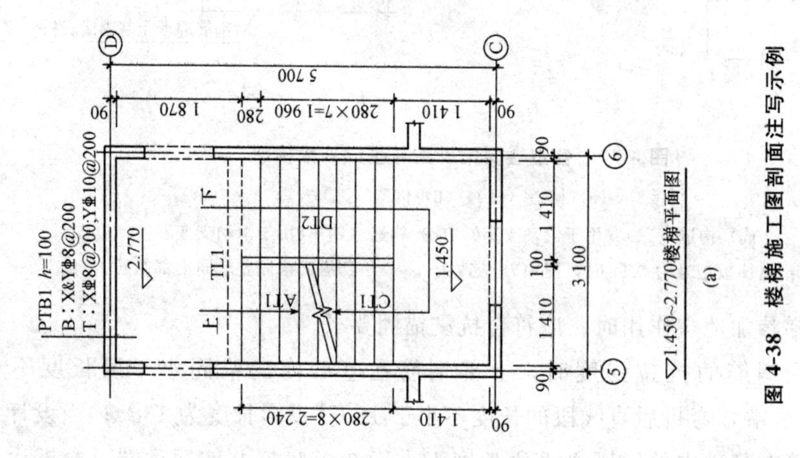

▽1.450~2.770楼梯平面图

(a)

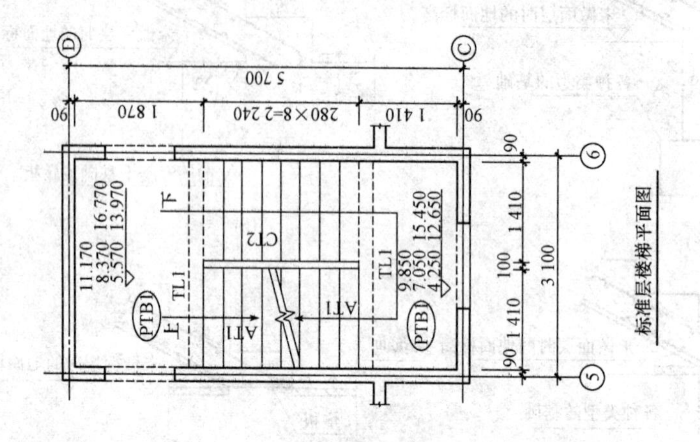

标准层楼梯平面图

图 4-38 楼梯施工图剖面注写示例

1 960　280　280×7=1 960　1 500

CT2
h=100
⌀10@200;
⌀12@200
Fφ8@250

TL1
AT1
h=100
⌀10@200;
⌀12@200
Fφ8@250

TL1
AT1

DT2
h=140
⌀10@150;
⌀12@120
Fφ8@250

TL1
CT1
h=140
⌀10@150;
⌀12@120
Fφ8@250

DT1
h=100
⌀10@200;
⌀12@200
Fφ8@250

TL1
TL1

280×5=1 400　840　1 350

5 700

D　C

1 320/8　1 480/9　1 320/8　1 480/9　830/5

2 800　2 800

5.570　4.250　2.770　1.450　−0.030　−0.860

1-1剖面图
局部示意

列表注写方式

梯板类型编号	踏步高度/踏步级数	板厚h	上部纵筋	下部纵筋	分布筋
AT1	1 480/9	100	⌀10@200	⌀12@200	φ8@250
CT1	1 480/9	140	⌀10@150	⌀12@120	φ8@250
CT2	1 320/8	100	⌀10@200	⌀12@200	φ8@250
DT1	830/5	100	⌀10@200	⌀12@200	φ8@250
DT2	1 320/8	140	⌀10@150	⌀12@120	φ8@250

(b)

图 4-38　楼梯施工图剖面注写示例（续）

（a）平面图；（b）剖面图

注：本示例中梯板上部钢筋在支座处考虑充分发挥钢筋抗拉强度作用进行锚固。

十五、ATa、ATb、ATc 型楼梯施工图剖面注写

（1）ATa 型楼梯施工图剖面注写示例，如图 4-39 所示。

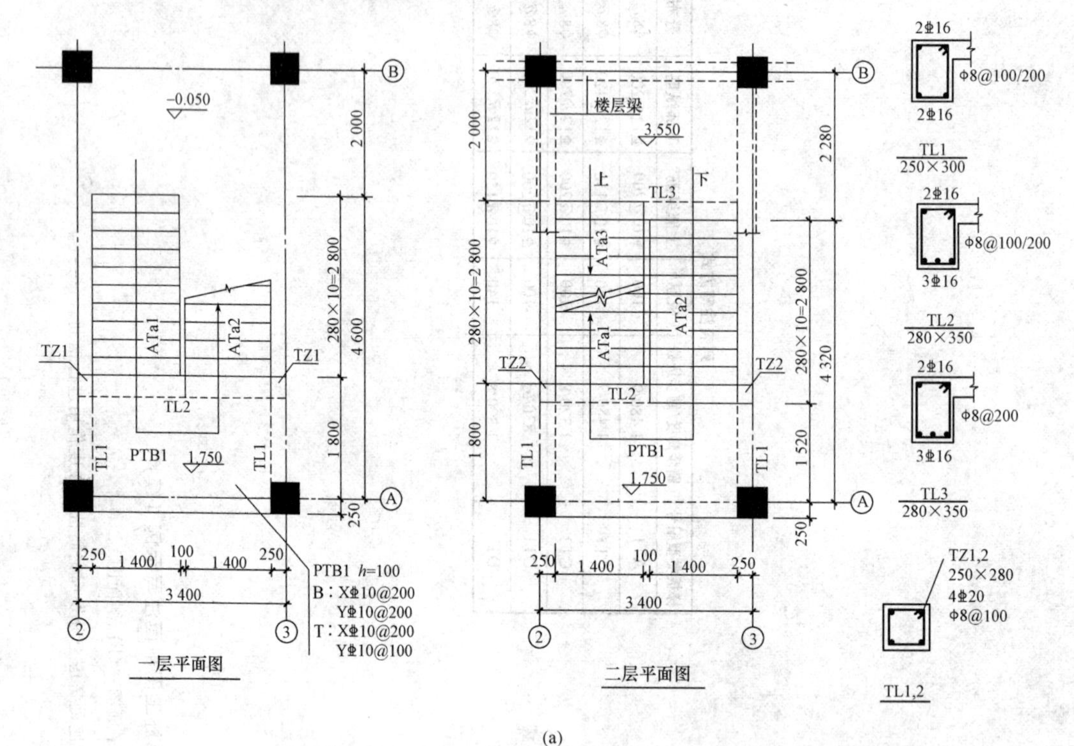

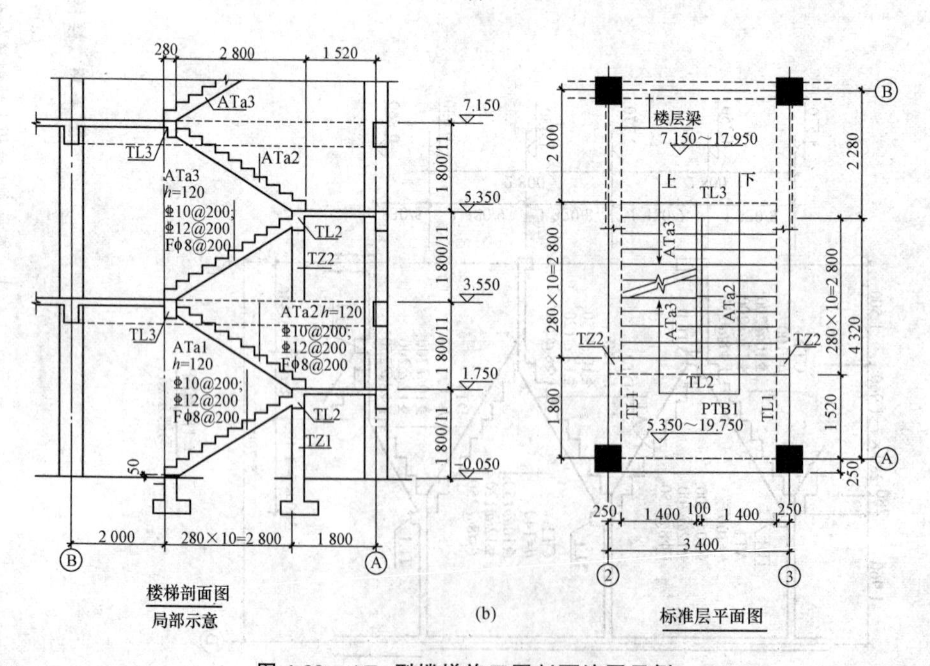

图 4-39　ATa 型楼梯施工图剖面注写示例

（a）平面图；（b）剖面图

（2）ATb 型楼梯施工图剖面注写示例，如图 4-40 所示。

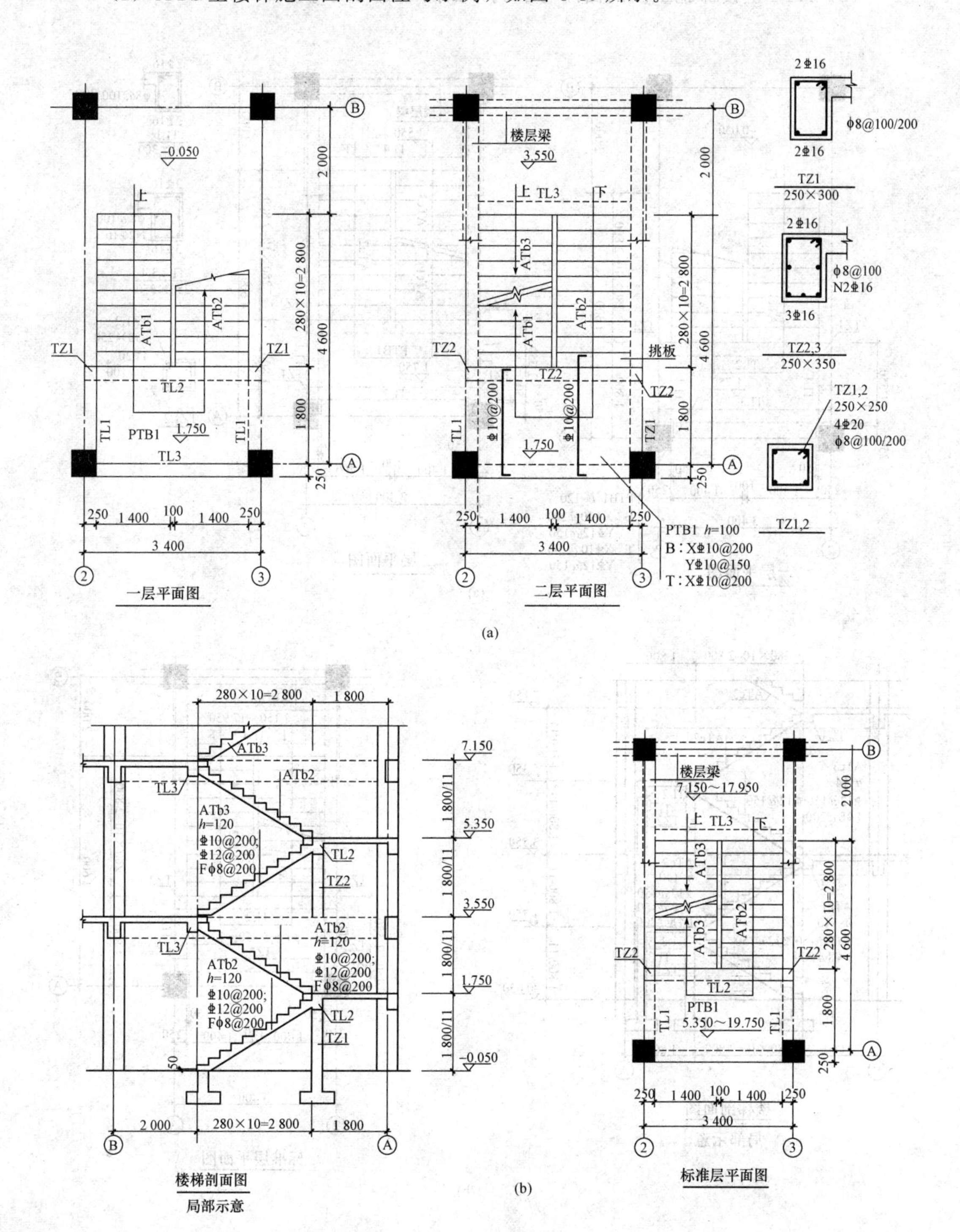

图 4-40　ATb 型楼梯施工图剖面注写示例

（a）平面图；（b）剖面图

（3）ATc 型楼梯施工图剖面注写示例，如图 4-41 所示。

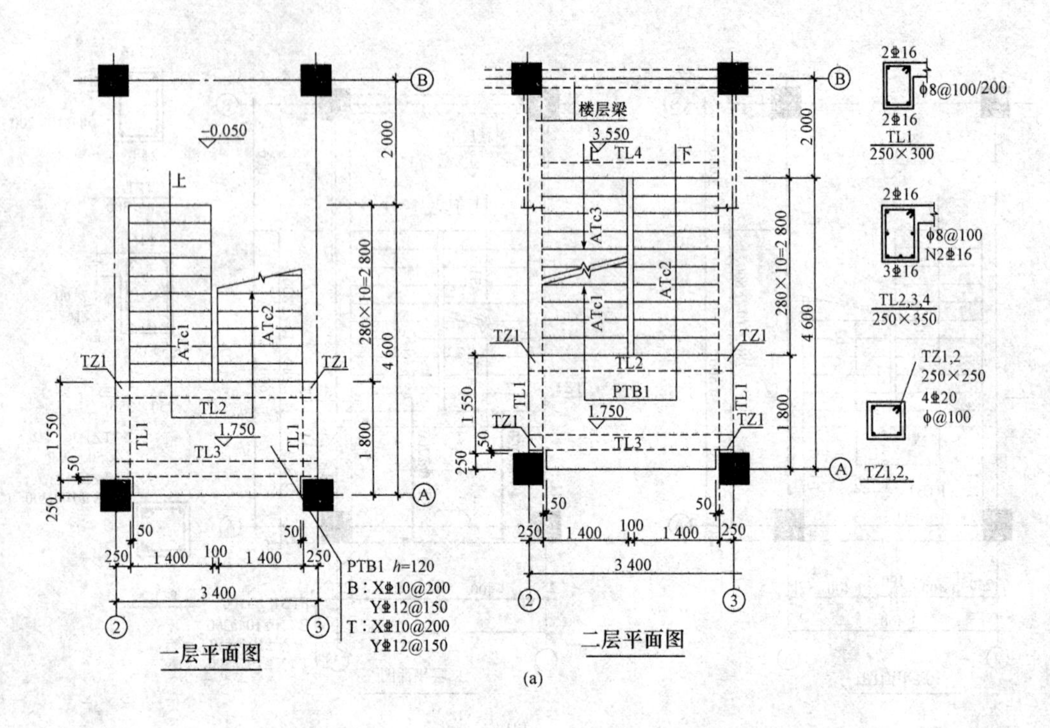

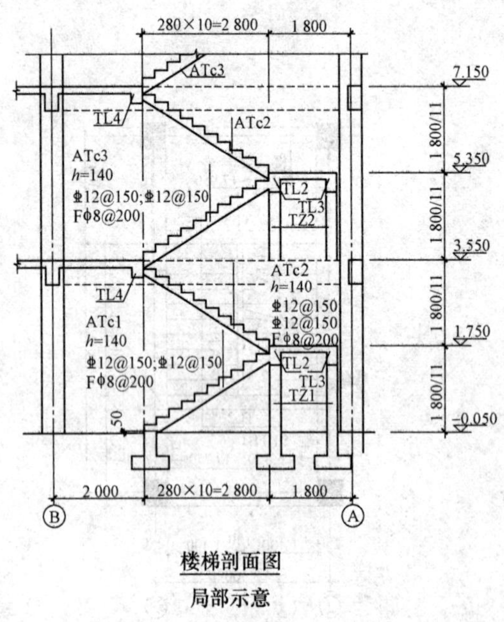

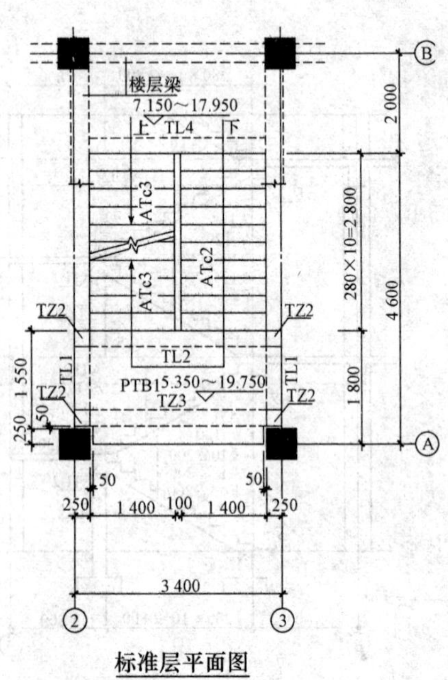

图 4-41　ATc 型楼梯施工图剖面注写示例

（a）平面图；（b）剖面图

第三节　现浇混凝土板式楼梯平法施工图实例

以图 4-42 为例，进行现浇混凝土板式楼梯施工图的识读。

某工程现浇混凝土板式楼梯施工图，如图 4-42 所示，图纸说明如下：

（1）现浇楼梯采用 C30 混凝土，HPB300（ϕ）级钢筋，HRB400（⏀）级钢筋。

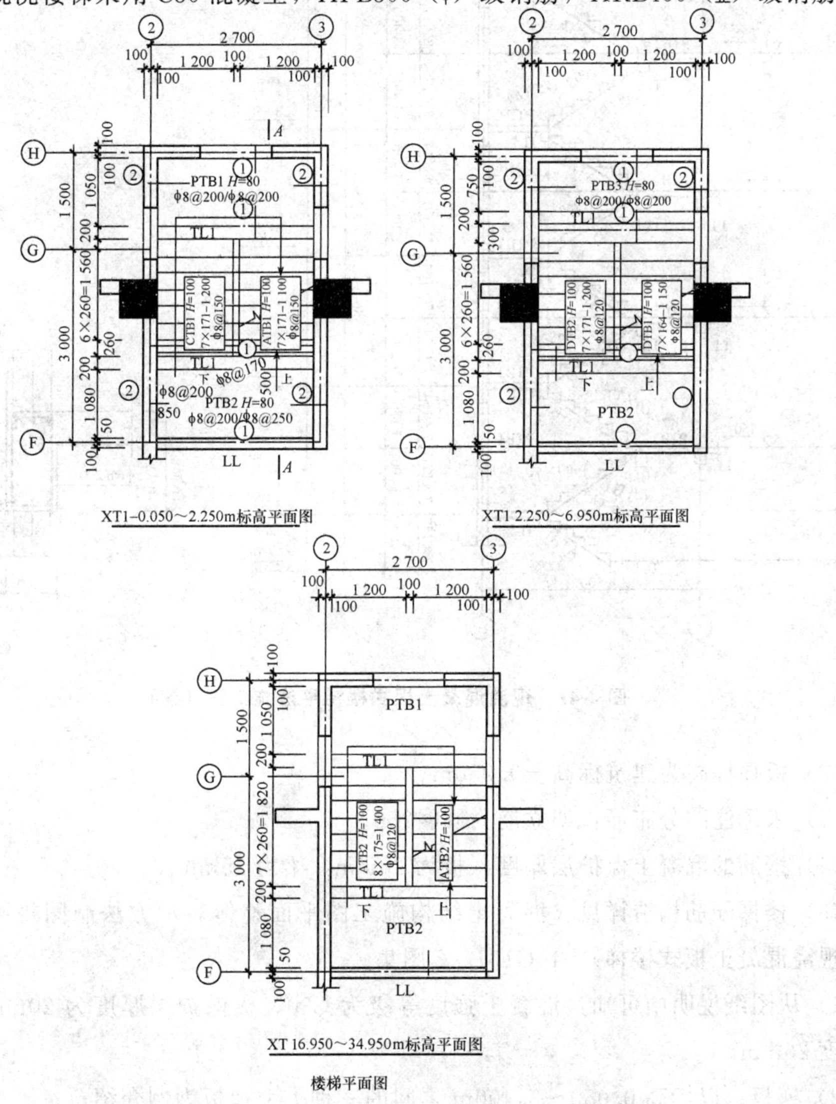

图 4-42　现浇混凝土板式楼梯平法施工图

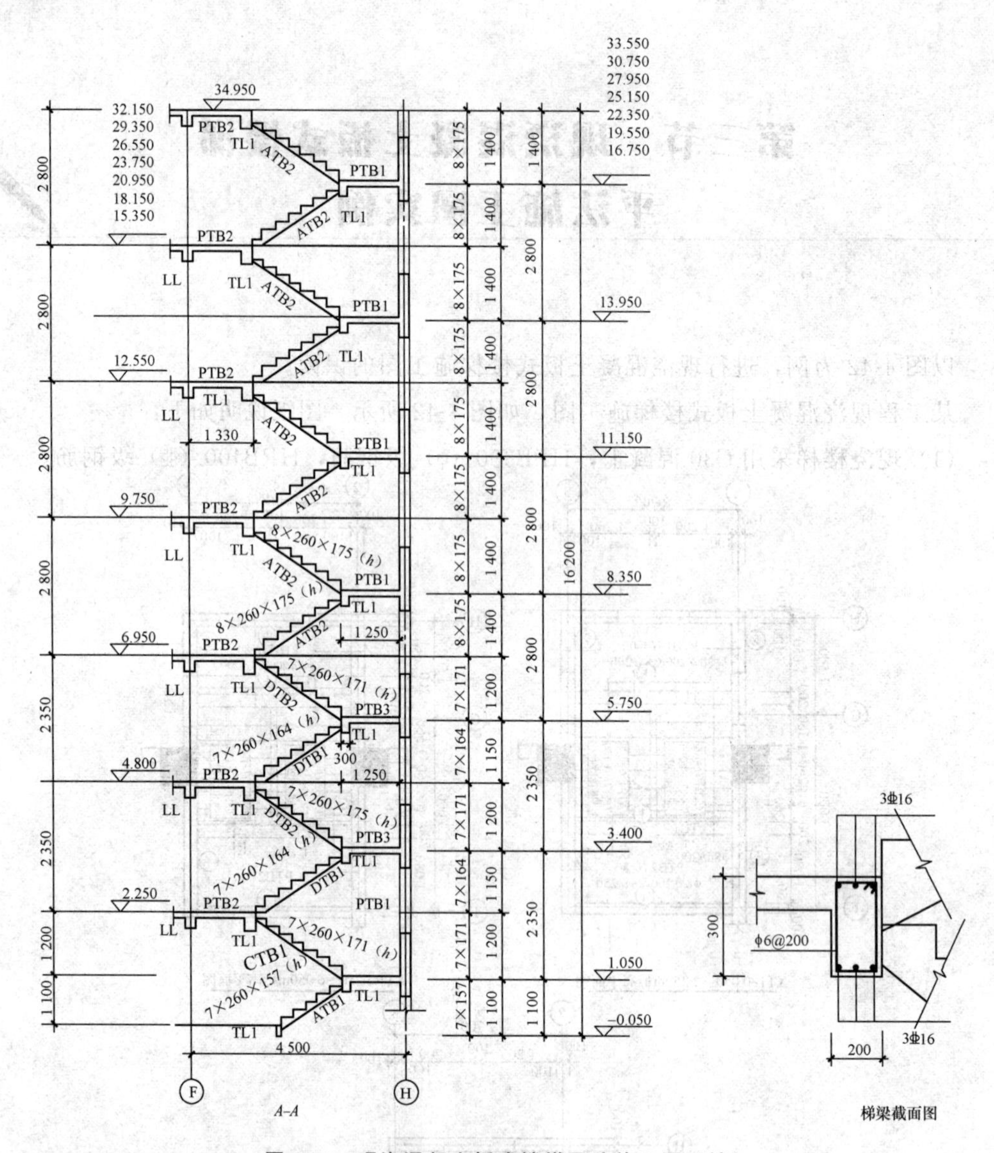

图 4-42　现浇混凝土板式楼梯平法施工图（续）

（2）板顶标高为建筑标高－0.050m。

（3）未标注的分布筋：架立筋为ϕ8@250。

（4）钢筋的混凝土保护层厚度：板为 20mm，梁为 25mm。

（5）楼梯配筋构造详见《混凝土结构施工图平面整体表示方法制图规则和构造详图（现浇混凝土板式楼梯）》11G101－2 图集。

1）从图纸说明中可知：混凝土强度等级为 C30，板保护层厚度为 20mm，梁保护层厚度 25mm。

2）梯板。以标高 0.050～3.400m 之间的三种类型梯板为例介绍。

①标高 0.050～1.050m 之间的梯板。从图 4-40 中 *A-A* 可知，该梯板以顶标高为－

0.050m的楼层平台梁和顶标高为1.050m的层间平台梁为支座。从平面图中可知该梯板为AT型梯板，类型代号和序号为ATB1，厚度为100mm，7个踏步，每个踏步高度为157mm，踏步总高度为1100mm；梯板下部纵向钢筋为ϕ8@150，即HPB300级钢筋，直径为8mm，间距150mm。踏步宽度为260mm，梯板跨度为6×260=1560mm。从图纸说明可知，梯板中的分布筋为ϕ8@250，HPB300级钢筋，直径为8mm，间距为250mm。

②标高1.050～2.250m之间的梯板。从图4-40中*A-A*可知，该梯板以顶标高为1.050m的楼层平台梁和顶标高为2.250m的层间平台梁为支座。该梯板为CT型梯板（由踏步段和高端平板构成），类型代号和序号为CTB1，厚度为100mm；7个踏步，每个踏步高度为171mm，踏步总高度为1200mm；梯板下部纵向钢筋为ϕ8@150。踏步宽度为260mm，梯板跨度为1820mm（6×260mm+260mm）。从图纸说明中可知，梯板中的分布筋为ϕ8@250。

③标高2.250～3.400m之间的梯板。从图4-40中*A-A*可知，该梯板以顶标高为2.250m的层间平台梁和顶标高为3.400m的楼层平台梁为支座。从图4-38可知，该梯板为DT型梯板（由低端平板、踏步段和高端平板构成），类型代号和序号为DTB1，厚度为100mm；7个踏步，每个踏步高度为164mm，踏步总高度为1150mm；梯板下部纵向钢筋为ϕ8@120。踏步宽度为260mm，梯板跨度为260+6×260+300=2120mm。梯板中的分布筋为ϕ8@250。

3）平台板。从楼梯平面图中可知，平台板编号PTB2，板厚为80mm，短跨方向下部钢筋为ϕ8@200，即HPB300级钢筋，直径为8mm，间距为200mm；长跨方向下部钢筋为ϕ8@250，即HPB300级钢筋，直径为8mm，间距为250mm。短向支座上部钢筋为①号筋，为ϕ8@170，伸出梁侧面500mm，进入梁内为锚固长度；长向支座上部钢筋为②号筋，为ϕ8@200，伸出梁侧面850mm，进入梁内为锚固长度梯梁。

4）梯梁。从梯梁截面图可知：梯梁截面为200mm×300mm，上、下部纵向钢筋均为3⌀16，箍筋为ϕ6@200。

参考文献

[1] 中国建筑标准设计研究院. 11G101－2 混凝土结构施工图平面整体表示方法制图规则和结构详图（现浇混凝土板式楼梯）[S]. 北京：中国计划出版社，2011.

[2] 中华人民共和国住房和城乡建设部．GB/T 50001—2010 房屋建筑制图统一标准[S]．北京：中国计划出版社，2011.

[3] 靳晓勇. 土木工程现场施工技术细节丛书——钢筋工 [M]. 北京：化学工业出版社，2007.

[4] 曹照平. 钢筋工程便携手册 [M]. 北京：机械工业出版社，2007.

[5] 范东利. 11G101、11G329 系列图集应用精讲 [M]．北京：中国建筑工业出版社，2012.

[6] 上官子昌. 平法钢筋识图方法与实例 [M]．北京：化学工业出版社，2013.

[7] 李文渊，彭波. 平法钢筋识图算量基础教程 [M]．北京：中国建筑工业出版社，2009.